U0217488

21世纪高职高专精品规划教材

C语言程序设计项目化教程

主　编　杨俊红
副主编　陈享成　马国峰　王盛

中国水利水电出版社
www.waterpub.com.cn

内 容 提 要

本书以项目为背景，以知识为主线，采用"任务驱动"的方法组织编写。项目所涉及的知识点由浅入深，强调知识的层次性和技能培养的渐进性。

本书共分3篇。第1篇为基础篇，包括第1～5章，以简易计算器项目为背景，主要介绍C语言的基本知识以及顺序、选择和循环三种程序控制结构。第2篇为提高篇，包括第6～8章，以学生成绩统计项目为背景，主要介绍函数、数组和指针。第3篇为综合应用篇，包括第9～10章，以学生信息管理系统项目为背景，主要介绍结构体和文件。本书的程序代码均在VC++ 6.0运行环境中调试通过。

本书适合作为高等职业技术院校、普通高等院校计算机专业及其相关专业教材，也可作为程序开发人员和自学人员的参考书。

图书在版编目（Ｃ Ｉ Ｐ）数据

C语言程序设计项目化教程 / 杨俊红主编. —— 北京
：中国水利水电出版社，2010.2（2019.6重印）
　21世纪高职高专精品规划教材
　ISBN 978-7-5084-6501-2

Ⅰ．①C… Ⅱ．①杨… Ⅲ．①
C语言－程序设计－高等学校：技术学校－教材　Ⅳ.
①TP312

中国版本图书馆CIP数据核字(2010)第021814号

书　　名	21世纪高职高专精品规划教材 **C语言程序设计项目化教程**
作　　者	主编　杨俊红　　副主编　陈享成　马国峰　王盛
出版发行	中国水利水电出版社 （北京市海淀区玉渊潭南路1号D座　100038） 网址：www.waterpub.com.cn E-mail: sales@waterpub.com.cn 电话：（010）68367658（营销中心）
经　　售	北京科水图书销售中心（零售） 电话：（010）88383994、63202643、68545874 全国各地新华书店和相关出版物销售网点
排　　版	中国水利水电出版社微机排版中心
印　　刷	清淞永业（天津）印刷有限公司
规　　格	184mm×260mm　16开本　15印张　356千字
版　　次	2010年2月第1版　2019年6月第7次印刷
印　　数	18001—20000册
定　　价	**36.00**元

前　言

目前，很多高职院校和普通高等院校都选用 C 语言作为程序设计课程的学习语言。在教学实践中，我们发现传统的 C 语言教材比较注重按照知识的体系结构组织内容，不能很好地将教学过程中出现的知识、技能与实际软件开发结合起来，学生普遍反映学习难度较大，学习积极性和主动性不能得到充分发挥。针对这种情况，我们在教学内容、教学方法的改革和创新方面进行大胆的尝试，本着"职业活动导向、任务驱动、项目载体"的教学原则，组织长期从事 C 语言教学的老师，精心编写了这本《C 语言程序设计项目化教程》。

本书主要特点如下：

1. 以项目为背景，以知识为主线，学、用结合

全书内容分为基础篇、提高篇和综合应用篇，分别以简易计算器、学生成绩统计和学生信息管理系统三个项目为背景，并将每个项目分解成多个任务，合理地安排到相关章节中，通过对任务的分析和实现，依次引导学生由浅入深、由简到难地学习，使学生的编程能力在三个项目的实施中逐步得到提高，达到"学以致用"的目的。

2. 及时适应等级考试新变化

"全国计算机等级考试二级 C 语言程序设计"自 2008 年开始以 VC++ 6.0 为考试环境，本书及时适应这种变化，以 VC++ 6.0 作为 C 语言的运行环境，同时兼顾课堂教学的需要，在配套的实验指导和课程设计一书中，简要介绍了 Turbo C 2.0 运行环境，并在附录中给出了 C++的关键字供学生参考。

3. 基础知识和扩展知识结合，保证知识的覆盖面

本书选用的三个项目包含了 C 语言的大部分知识点，对于少部分没有涉及的内容，安排在扩展知识中进行介绍。在教学过程中，教师可以根据不同专业的教学要求，灵活分配和组织教学内容。

4. 提供大量的实例和各种类型的习题，强调动手能力

本书提供了大量的实例，并列举出学生处理该类题目时容易出现的问题，有些实例还给出了不同的解决方法，以便学生更好地了解和掌握程序开发的灵活性。同时，每章后均附有各种类型的习题，便于读者自查学习效果。本书中的代码均在 VC++6.0 运行环境中调试通过。

本书内容安排如下：

1. 基础篇

基础篇包括第 1～5 章。以简易计算器项目为背景，主要介绍 C 语言的基本知识以及顺序、选择和循环三种程序控制结构。通过本篇的学习，读者应能利用 C 语言基础知识编写简单的 C 程序。

第 1 章介绍 C 语言的发展及特点、C 程序的基本结构及使用 VC++ 6.0 开发 C 语言程序的过程。第 2 章介绍 C 语言的基本数据类型、常量和变量、运算符和表达式、不同数据类型间的转换方法。第 3 章介绍输入/输出函数、算法和顺序结构程序设计。第 4 章介绍选择结构程序设计方法。第 5 章介绍循环结构程序设计方法。

2. 提高篇

提高篇包括第 6～8 章。以学生成绩统计项目为背景，主要介绍函数、数组和指针的内容。通过本篇的学习，读者应能灵活运用函数、数组和指针编写程序，解决科学计算和工程设计中的一般性问题。

第 6 章介绍 C 语言函数的定义和调用、函数间的数据传递、变量的作用域和存储类型、函数的嵌套和递归调用、编译预处理等内容。第 7 章介绍一维数组、字符数组和二维数组的概念、定义和使用方法。第 8 章介绍指针的基本概念、指针与数组、指针与字符串、指针变量作函数参数等内容。

3. 综合应用篇

综合应用篇包括第 9～10 章。以学生信息管理系统项目为背景，主要介绍结构体和文件的内容。通过本篇的学习，读者应具有利用 C 语言进行软件设计的能力。

第 9 章介绍结构体和共用体的概念、结构体数组、结构体指针的使用方法。第 10 章介绍文件的基本知识和文件操作方法。

本书由郑州铁路职业技术学院杨俊红担任主编，郑州铁路职业技术学院陈享成、马国峰和河南职业技术学院王盛担任副主编，参加编写的还有郑州铁路职业技术学院侯丽敏、王艳萍。本书第 1 篇项目概述、第 1 章、第 2 章和附录由马国峰编写，第 3 章由王盛编写，第 4 章、第 5 章由侯丽敏编写，第 2 篇项目概述和第 6 章由王艳萍编写，第 7 章、第 8 章由杨俊红编写，第 3 篇由陈享成编写。全书由杨俊红统稿。

本书的出版得到了中国水利水电出版社的大力支持，在此表示衷心感谢。由于水平和时间的限制，书中难免有疏漏和不足之处，恳请读者批评指正。

编者

2009 年 12 月

目　　录

第1篇 基 础 篇

　　本篇以简易计算器项目为背景，介绍 C 语言中的数据与运算、程序控制结构等编程基本要素。为了便于相关理论知识的学习，将项目分解为四个子任务，分别贯穿于第 2~5 章中进行分析和实现。

　　通过本篇的学习，学生应了解 C 语言的特点和基本编程方法，并能利用 C 语言基础知识编写简单的程序，解决日常生活和工作中的小问题。

简易计算器项目概述

1. 项目涉及的知识要点

该项目涉及的知识要点有：C 语言的基本数据类型、常量和变量、运算符和表达式、输入/输出函数、顺序结构程序设计、选择结构程序设计和循环结构程序设计。这些知识内容将在第 2～5 章进行详细介绍。

2. 项目主要目的和任务

使学生理解和掌握项目所涉及的知识要点内容，培养学生的编程逻辑思维能力，初步掌握利用 C 语言进行软件开发的基本方法和步骤。

3. 项目功能描述

实现一个简易计算器，能够完成整型数据和实型数据的加、减、乘、除四则运算。

为了给用户提供方便，要求采用人机对话形式，首先提供系统操作主菜单，给出加、减、乘、除和退出五个选项，当用户选择某一菜单项后（退出选项除外），系统提示输入第一个运算数和第二个运算数，并给出运算结果。然后询问是否继续计算，如果输入字母"y"或"Y"，重新返回主菜单；如果输入其他字母，则结束计算并退出系统。另外，为了使用方便，在主菜单中特设 0 选项，选择它也能正常退出系统。

4. 项目界面设计

图 A-1 给出了从主菜单选择加法运算后的运行界面，其他三种运算的运行界面与此基本相同，不再给出。

5. 项目任务分解

为了便于相关理论知识的学习，将项目分解为四个子任务，每个子任务及其对应的章节如下。

第 2 章：任务一　项目中数据类型的定义

第 3 章：任务二　用输入/

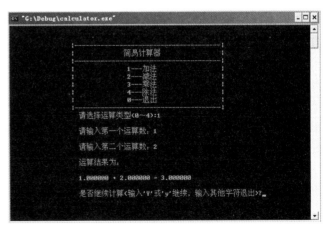

图 A-1　简易计算器运行界面

3

输出函数实现项目主菜单的顺序执行

第 1 章 C 语 言 概 述

C 语言是规模小、效率高、功能强的专业编程语言，适用于编写各种系统软件和应用软件，近年来在国内外得到广泛推广和应用，成为当代最优秀的程序设计语言之一。本章首先介绍 C 语言的发展及特点，并通过例子重点介绍 C 语言程序的基本结构和使用 VC++ 6.0 开发 C 语言程序的过程。

学习目标：
- 了解 C 语言的发展及特点；
- 掌握 C 语言程序的基本结构；
- 掌握使用 VC++ 6.0 开发 C 语言程序的过程。

1.1 C 语言的发展及特点

1.1.1 C 语言的发展

C 语言是 1972 年由美国的 Dennis M.Ritchie 设计开发的。它由早期的编程语言 BCPL（Basic Combined Programming Language）发展演变而来。早期的 C 语言主要用于 UNIX 操作系统，随着 UNIX 的广泛使用，C 语言也迅速得到推广，并出现了许多版本。由于没有统一的标准，使得这些 C 语言之间出现了一些不一致的地方。为了改变这一状况，美国国家标准协会（ANSI）根据 C 语言问世以来的各种版本对 C 语言进行改进和扩充，制定了 ANSI C 标准，成为现行的 C 语言标准。

目前，在微机上广泛使用的 C 语言编译系统有 Borland C++、Turbo C、Microsoft Visual C++（简称 VC++）等。本书使用的上机环境是 VC++ 6.0 系统。

1.1.2 C 语言的特点

和其他许多语言相比，C 语言的主要特点如下。

1. C 语言简洁、紧凑

C 语言简洁、紧凑，而且程序书写形式自由，使用方便、灵活。

2. C 语言是高、低级兼容语言

C 语言又称为"中级"语言。它介于高级语言和低级语言（汇编语言）之间，既具有高级语言面向用户、可读性强、容易编程和维护等优点，又具有汇编语言面向硬件和系统并可以直接访问硬件的功能。

3. C语言是一种结构化的程序设计语言

结构化语言的显著特点是程序与数据独立，从而使程序更通用。这种结构化方式可使程序层次清晰，便于调试、维护和使用。

4. C语言是一种模块化的程序设计语言

所谓模块化，是指将一个大的程序按功能分割成一些模块，使每一个模块都成为功能单一、结构清晰、容易理解的函数，适合大型软件的研制和调试。

5. C语言可移植性好

C语言是面向硬件和系统的，但它本身并不依赖于机器硬件系统，从而便于在硬件结构不同的机器间和各种操作系统间实现程序的移植。

1.2 简单的 C 程序介绍

下面先给出几个简单的例子，以便对 C 语言源程序有一个初步的认识。

【例1.1】编写一个 C 程序，在屏幕上显示"Hello, world!"。

```
#include <stdio.h>
main()                               /*主函数*/
{
    printf("Hello, world!\n");       /*输出信息*/
}
```

程序运行结果：

Hello, world!

程序说明：

（1）该程序只由一个主函数构成，程序的第 1 行是文件包含命令行（文件包含内容将在第 6 章介绍），第 2 行 main( )为主函数名，函数名后面的一对圆括号"( )"用来写函数的参数，参数可以有，也可以没有，但圆括号不能省略。

（2）程序中的一对花括号"{ }"内的程序行称为函数体，函数体通常由一系列语句组成，每一个语句用分号结束。

（3）程序中的 printf( )是系统提供的标准输出函数，可在程序中直接调用，其功能是把输出的内容显示到屏幕上。双引号内的"\n"表示换行，在信息输出后，光标将定位在屏幕下一行。

（4）"/*"和"*/"之间的文字是注释，目的是提高程序的可读性。

【例1.2】编写一个 C 程序，计算并输出两个整数的和。

```
#include <stdio.h>
main()
{
    int a,b,sum;                /*定义三个整型变量,分别存放两个整数和它们的和*/
    a=15;
    b=20;
    sum=a+b;
    printf("sum=%d\n",sum);
}
```

程序运行结果：

sum=35

程序说明：

该程序的功能是求两个整数之和。函数体中首先定义了三个整型变量 a，b，sum，其中 int 表示整数类型，a，b，sum 为三个变量的名称，然后分别给变量 a，b 赋值，并将 a，b 之和赋给 sum，最后用 printf( )输出两个整数之和。

【例 1.3】从键盘输入两个整数，计算并输出它们的和。

```
#include <stdio.h>
/*add 函数用于求两数之和*/
int  add(int x,int y)              /*函数定义部分，add 为函数名，x,y 为形参*/
{
    int z;
    z=x+y;
    return(z);                     /*将两数之和返回到主调函数中*/
}
/*main()函数完成两个整数的输入，并输出两数之和*/
main()
{
    int a,b,sum;
    printf("input two number: ");
    scanf("%d,%d",&a,&b);          /*输入两个整数，分别放入变量 a,b 中*/
    sum=add(a,b);                  /*调用 add()函数，将返回值赋给变量 sum*/
    printf("sum=%d\n",sum);
}
```

程序运行结果：

```
input two number: 5,9✓
sum=14
```

注意：本书中所有的"✓"均表示回车符，用户输入部分均用下划线标出。

程序说明：

该程序由主函数 main( )和被调函数 add( )组成，它们各有一定的功能。main( )函数中的 scanf( )是系统提供的标准输入函数，其功能是输入 a 和 b 的值，scanf( )函数的具体用法将在第 3 章中详细介绍。

通过以上三个例子的分析，可以看出 C 语言源程序的基本结构有以下几个特点：

（1）C 语言程序是由函数组成的，每个函数完成相对独立的功能，函数是 C 语言程序的基本模块单元。每个程序必须有一个且只能有一个主函数 main( )，除主函数外，可以没有其他函数（如[例 1.1]和[例 1.2]），也可以有一个或多个其他函数（如[例 1.3]），被调用的函数可以是系统提供的函数（如 printf( )和 scanf( )），也可以是用户根据需要自己编写的函数（如 add( )）。

（2）主函数的位置是任意的，可以在程序的开头、两个函数之间或程序的结尾。程序的执行总是从主函数开始，并在主函数结束。

（3）C 语言源程序一般用小写字母书写，只有符号常量或其他特殊用途的符号才使用大写字母。

（4）C 程序的书写格式自由，允许一行内写多个语句，也允许一个语句写在多行，但所有语句都必须以分号结束。如果某条语句很长，一般需要将其分成多行书写。

（5）可以用"/*…*/"对 C 程序的任何部分作注释，以增强程序的可读性。VC++中还可以用"//"给程序加注释，两者的区别在于"/*…*/"可以对多行进行注释，而"//"只能对单行进行注释。源程序编译时，不对注释作任何处理。注释通常放在一段程序的开始，用以说明该段程序的功能；或者放在某个语句的后面，对该语句进行说明。在使用"/*…*/"加注释时，需要注意"/*"和"*/"必须成对使用，且"/"和"*"以及"*"和"/"之间不能有空格，否则程序会出错。

考虑到目前编写 C 程序时，主要是使用 C++编译器以及初学者比较容易写错"/*"和"*/"的实际情况，本书后面的章节中，将使用符号"//"作为行注释符。

1.3 C 程序的开发过程

开发 C 语言程序是指在一个集成开发环境中进行程序的编辑、编译、连接和执行的过程，如图 1-1 所示。

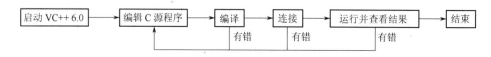

图 1-1 C 语言程序开发过程

（1）编辑：程序员使用编辑软件，如写字板、记事本或集成化的程序设计软件等编写的 C 语言程序称为 C 源程序（文件扩展名为.c，但在 VC++ 6.0 中，扩展名为.cpp）。

（2）编译：C 源程序必须经由编译器转换成机器代码，生成扩展名为.obj 的目标程序。在编译过程中，如果程序存在错误，则返回编辑状态进行修改。

（3）连接：C 语言是模块化的程序设计语言，一个 C 语言应用程序可能由多个程序设计者分工合作完成，需要将所用到的库函数及其他目标程序连接为一个整体，生成扩展名为.exe 的可执行文件。

（4）运行：运行可执行文件后，可获得程序运行结果。如果运行后没有达到预期目的，则需进一步修改源程序，重复上述过程，直到满足设计要求。

1.4 VC++ 6.0 集成开发环境

集成开发环境是一个综合性的工具软件，它把程序设计全过程所需的各项功能有机地结合起来，统一在一个图形化操作界面下，为程序设计人员提供尽可能高效、便利的服务。

VC++ 6.0 就是一个功能齐全的集成开发环境，虽然它常常用来编写 C++ 源程序，但它同时兼容 C 语言程序的开发。

下面以［例 1.1］为例，说明使用 VC++6.0 集成开发环境运行一个 C 语言程序的操作过程。

1.4.1 启动 VC++ 6.0 环境

进入 VC++ 6.0 环境的方法有多种，最常用的方法是：选择 Windows 操作系统的"开始 | 程序 | Microsoft Visual Studio 6.0 | Microsoft Visual C++ 6.0"菜单项，进入 VC++ 6.0

环境。

    VC++ 6.0 启动后，主窗口界面如图 1-2 所示。

图 1-2　VC++ 6.0 主窗口界面

    VC++ 6.0 主窗口和一般的 Windows 窗口并无太大的区别。它由标题栏、菜单栏、工具栏、工作区、程序编辑区、调试信息显示区和状态栏组成。在没有编辑源程序的情况下，工作区无信息显示，程序编辑区为深灰色。

1.4.2　编辑源程序文件

1. 建立新工程

    （1）在图 1-2 所示的主窗口中，选择"文件｜新建"菜单项，弹出如图 1-3 所示的"新建"对话框。

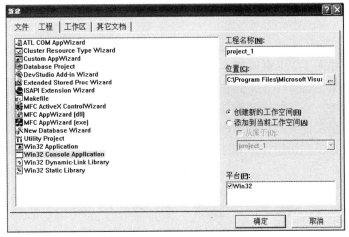

图 1-3　"新建"对话框

（2）在图 1-3 所示的"工程"选项卡左侧的工程类型中选择"Win32 Console Application"选项，在"工程名称"文本框中输入工程名称，如 project_1；在"位置"文本框中输入或选择工程所存放的位置，单击"确定"按钮，弹出如图 1-4 所示的对话框。

（3）在图 1-4 中，选择"一个空工程"选项，单击"完成"按钮。系统弹出如图 1-5 所示的"新建工程信息"对话框，单击"确定"按钮，即完成了一个工程的框架。

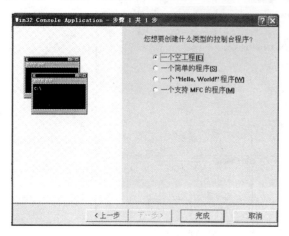

图 1-4　选择工程类型　　　　图 1-5　"新建工程信息"对话框

2. 建立新工程中的文件（也可以不建立工程，直接用此步骤以单文件的方式建立源程序文件）

（1）在图 1-2 所示的主窗口中，选择"文件|新建"菜单项，弹出如图 1-3 所示的"新建"对话框。

（2）在图 1-3"文件"选项卡左侧的文件类型中选择"C++ Source File"选项，在"文件名"文本框中输入文件名，如 hello.c（注意，由于编写的是标准 C 语言程序，应加上文件的扩展名.c，否则系统会自动取默认的扩展名.cpp），单击"确定"按钮，则创建了一个源程序文件，并返回到如图 1-2 所示的 VC++ 6.0 主窗口。

（3）在主窗口程序编辑区输入[例 1.1]源程序，如图 1-2 所示。

1.4.3　编译

方法一：选择图 1-2 主窗口菜单栏中的"组建|编译[hello.c]"菜单项，进行编译。

方法二：单击主窗口编译工具栏上的"🔨"按钮进行编译。

在编译过程中，系统如发现程序有语法错误，则在调试信息显示区显示错误信息，并给出错误性质、出错位置和错误原因等。用户可通过双击某条错误来确定该错误在源程序中的具体位置，并根据出错性质和原因对错误进行修改。修改后再重新进行编译，直到没有错误信息为止。

编译出错信息有两类：一是 error，说明程序肯定有错，必须修改程序；二是 warning，表明程序可能存在潜在的错误，只是编译系统无法确定，希望用户把关。对于第二类出错信息，如果用户置之不理，也可生成目标文件，但存在运行风险，因此，建议对 warning 也同样严格处理。

1.4.4　连接

编译无错误后，可进行连接生成可执行文件。

方法一：选择图 1-2 主窗口菜单栏中的"组建｜组建[hello.exe]"菜单项，进行连接。

方法二：单击主窗口编译工具栏上的"📖"按钮进行连接。

编译连接成功后，即在当前工程文件夹下生成可执行文件(hello.exe)。

1.4.5　运行

方法一：选择图 1-2 主窗口菜单栏中"组建｜执行[hello.exe]"菜单项，执行编译连接后的程序。

方法二：单击主窗口编译工具栏上的"！"按钮，执行编译连接后的程序。

若程序运行成功，屏幕上将输出运行结果，并给出提示信息：Press any key to continue。表示程序运行后，可按任意建返回 VC++主窗口。运行结果窗口如图 1-6 所示。

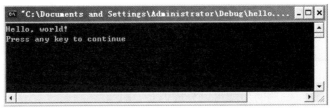

图 1-6　运行结果窗口

若程序运行时出现错误，用户需要返回编辑状态修改源程序，并重新编译、连接和运行。

1.5　本 章 小 结

本章主要介绍了 C 语言的发展和特点，C 语言程序的基本结构和书写规则，并且还详细介绍了 VC++ 6.0 集成开发环境及程序运行过程。在学习过程中，要重点掌握 C 语言程序的结构特点和上机过程。

1. C 程序的结构特点

（1）C 程序由一个或多个函数构成，有且只有一个主函数（main( )函数）。

（2）主函数的位置是任意的，可以在程序的开头、两个函数之间或程序的结尾。程序的执行总是从主函数开始，并在主函数结束。

2. C 语言上机过程

C 语言程序的开发需要经过编辑、编译、连接和运行四个步骤。

1.6　习　　题

一、单项选择题

1. 一个 C 语言程序是由（　　　）组成。

A．一个主程序和若干子程序

B．一个或多个函数

C．若干过程

D．若干子程序

2．C 语言程序中主函数的个数（　　　）。

A．可以没有　　　　　　　　B．可以有多个

C．有且只有一个　　　　　　D．以上叙述均不正确

3．C 语言中，对 main( )主函数位置的要求是（　　　）。

A．必须在最开始　　　　　　B．必须在系统调用的库函数的后面

C．可以任意　　　　　　　　D．必须在最后

4．一个 C 语言程序的执行是从（　　　）。

A．本程序的 main( )函数开始，到 main( )函数结束

B．本程序的 main( )函数开始，到本程序的最后一个函数结束

C．本程序的第一个函数开始，到本程序的最后一个函数结束

D．本程序的第一个函数开始，到本程序的 main( )函数结束

二、填空题

1．C 语言源程序的每一条语句均以_____结束。

2．开发 C 语言程序的步骤可以分成四步，即_____、_____、_____和_____。

3．用 VC++ 6.0 开发 C 语言程序有两种注释方法，一种是_____，另一种是_____，能进行多行注释的是_____，只能进行单行注释的是_____。

4．C 语言源程序文件的扩展名是_____，经过编译后，生成目标文件的扩展名是_____，经过连接后，生成可执行文件的扩展名是_____。

三、编程题

1．参照[例 1.1]，试编写一个 C 语言程序，输出如下信息。

```
*****************************
This is my first C program!
*****************************
```

2．参照[例 1.3]，试编写一个 C 语言程序，从键盘输入两个整数，求它们的差并输出。

第2章 项目中的数据类型和数据运算

本章将结合项目中的数据类型和数据运算，介绍 C 语言的基本数据类型、常量和变量、运算符和表达式、不同数据类型间的转换等内容。学习和掌握这些内容是用 C 语言编写程序的基础。

学习目标：
- 掌握 C 语言的基本数据类型；
- 掌握常量和变量的概念及使用方法；
- 掌握各种运算符的使用方法；
- 掌握将数学式子转换为 C 语言表达式的方法；
- 掌握不同数据类型间的转换方法。

2.1 任务一 项目中数据类型的定义

1. 任务描述

实现简易计算器项目中数据类型的定义。

2. 任务涉及知识要点

该任务涉及到数据类型、常量和变量、运算符和表达式等知识点，在本章后面的理论知识中将会有详细的介绍。

3. 任务分析

根据项目功能描述，需要定义四个变量。

（1）变量 data1 和 data2 用于存放参与运算的两个操作数，数据类型为实型（float）。

（2）变量 choose 用于存放用户输入的菜单选项，因为主菜单的选项为 0~4 之间的数字，所以数据类型可用整型（int）或字符型（char）。该任务选用的是整型。

（3）变量 yes_no 用于存放是否继续的应答。因为其中将存放用户输入的字符"y"、"Y"或其他字符，所以数据类型选用字符型。

4. 任务实现

项目中所用数据类型的定义及其意义如下。

```
main()
{
    float data1,data2;          //存放参与运算的两个操作数
    int choose;                 //存放用户输入的菜单选项
    char yes_no;                //存放是否继续的应答
    ...
}
```

5. 要点总结

数据是计算机程序处理的对象，也是运算产生的结果。在使用数据时，必须先对其类型进行说明或定义。因为数据类型一旦确定，其所占用的存储空间和相应的操作就能随之确定。

在实际应用中，计算机程序处理的数据各种各样，需要根据具体情况来判断所涉及的数据是字符型、整型还是实型。而且需要估计数据的变化范围，并了解题目中对数据的精度要求。如果定义不当，可能会造成内存空间的浪费，甚至影响运行结果。

由于在编写代码前很难估计一个程序中到底需要使用多少变量，通常可以采用边编写边定义的方式，每当需要一个新变量时，即刻在定义位置处补充定义。

2.2 理 论 知 识

2.2.1 C 语言的基本数据类型

2.1 节任务一中使用了整型、实型和字符型的数据，这些都是 C 语言的基本数据类型，是系统预先定义的类型。除此之外，C 语言还提供了复杂数据类型，包括数组、指针、结构体、共用体和枚举。复杂数据类型是用户根据实际编程需要而定义的数据类型，因此又称用户自定义类型或构造类型。

本章主要介绍基本数据类型，复杂数据类型将在后面的章节中学习。在学习数据类型时，要掌握每种类型占用的内存空间、取值范围以及所支持的操作。

1. 整数类型

整数类型所占的内存空间字节数和所表示的取值范围如表 2-1 所示。

表 2-1　　　　　　　　　　　整 数 类 型

数据类型	数据类型符	占用字节数	取 值 范 围
基本整型	int	2	$-2^{15} \sim (2^{15}-1)$ 即-32768～32767
短整型	short　　[int]	2	$-2^{15} \sim (2^{15}-1)$ 即-32768～32767
长整型	long　　[int]	4	$-2^{31} \sim (2^{31}-1)$ 即-2147483648～2147483647
无符号整型	unsigned [int]	2	$0 \sim (2^{16}-1)$　　即 0～65535
无符号短整型	unsigned short [int]	2	$0 \sim (2^{16}-1)$　　即 0～65535
无符号长整型	unsigned long　　[int]	4	$0 \sim (2^{32}-1)$　　即 0～4294967295

注　1. 表 2-1 中的"[ ]"符号代表可选项。
　　2. 表 2-1 是以 16 位计算机为例，即按 ANSI C 描述。而 VC++ 6.0 是 32 位的编译系统，因此系统规定 int 和 unsigned int 占 4 个字节，其余两者相同。

不同的整数类型表示的数值范围不同，在编程时，应根据程序对整数范围的实际需要，灵活选择上述的整数类型。

2. 实数类型

实数类型又称浮点型，是同时使用整数部分和小数部分来表示数字的类型，可分为单精度（float）、双精度（double）两类。实数类型所占的内存空间字节数、有效数字和所表示的取值范围如表 2-2 所示。

表 2-2　　　　　　　　　　　　　　实　数　类　型

数据类型	数据类型符	占用字节数	有效数字	取　值　范　围
单精度	float	4	7 位	$-3.4 \times 10^{38} \sim 3.4 \times 10^{38}$
双精度	double	8	16 位	$-1.7 \times 10^{308} \sim 1.7 \times 10^{308}$

3. 字符类型

对于字符型数据，一般情况下不必考虑有符号的情况，只需要考虑无符号的情况。字符类型所占的内存空间字节数和所表示的取值范围如表 2-3 所示。

表 2-3　　　　　　　　　　　　　　字　符　类　型

数据类型	数据类型符	占用字节数	取　值　范　围
字符型	char	1	0～255

2.2.2　常量和变量

每个 C 程序中处理的数据，无论是什么数据类型，都是以常量或变量的形式出现的。在程序中，常量可以不经说明而直接引用，而变量则必须先定义后使用。

2.2.2.1　常量

在程序执行过程中，其值不能改变的量称为常量。按照表现形式的不同，常量可分为直接常量和符号常量。直接常量是指在程序中不需要任何说明就可直接使用的常量，而符号常量是指需要先说明或定义后才能使用的常量。

1. 直接常量

直接常量按数据类型可分为四类：整型常量、实型常量、字符常量和字符串常量。

（1）整型常量

在 C 语言中，整型常量又有十进制、八进制和十六进制三种表示方法。八进制数在左边第一位数字前加 0，如 0127，相当于十进制的 87；十六进制数在左边第一位数字前加 0x 或 0X，如 0x127，相当于十进制的 295。注意是数字"0"，而不是字母"O"。

（2）实型常量

实型常量即数学中的实数，有十进制形式和指数形式两种表示方法。十进制形式由数字和小数点组成，如 3.141；指数形式又称科学记数法，由小数和指数两部分组成，指数部分的底数用字母 e 或 E 表示，例如 123.45 可以表示为 12.345e+1，1.2345E+2，0.12345E+3，1234.5e-1 等。其中只有 1.2345E+2 称为规范化的指数形式，即在字符 e（或 E）之前的小数部分中，小数点左边应有一位（且只能有一位）非零的数字。在使用指数形式时，一定要注意在字母 e 或 E 之前必须要有数字，且字母 e 或 E 之后的指数必须为整数。如 e6，.e5，-2.4E0.5，5.2e(3+6)等都是不合法的指数形式。

（3）字符常量

字符常量是用一对单引号括起来的单个字符，如'A'、'5'、'+' 等。C 语言还允许使用一种特殊形式的字符常量，就是以反斜杠"\"开头的转义字符，该形式将反斜杠后面的字符转变成另外的意义，因而称为转义字符。常用的转义字符如表 2-4 所示。

表 2-4 常用转义字符及其含义

转义字符	含　　义	转义字符	含　　义
\n	换行，将当前位置移到下一行的开头	\\	反斜杠字符"\"
\t	横向跳格，跳到下一个 tab 位置	\'	单引号字符
\b	退格	\"	双引号字符
\r	回车，将当前位置移到下行的开头	\ddd	1～3 位 8 进制数所代表的字符
\f	换页，将当前位置移到下页的开头	\xhh	1～2 位 16 进制数所代表的字符

将一个字符常量存放到内存中，并不是把该字符本身存放到内存单元中，而是将该字符相应的 ASCII 码存放到该存储单元中。如字符'a'的 ASCII 码值为 97（十进制），在内存中的实际存储形式为 01100001，即 97 的二进制形式。

字符数据在内存中的存储形式与整型数据的存储形式相似。因此，字符型数据和整型数据之间可以相互转换。一个字符数据既可以字符形式输出，也可以整数形式输出。以字符形式输出时，需要先将存储单元中的 ASCII 码转换成相应字符，然后输出。以整数形式输出时，直接将 ASCII 码作为整数输出。

每一个西文字符对应一个唯一的 ASCII 码（见附录 I）。读者不必记住所有的 ASCII 码，但必须掌握其规律和几个特殊的 ASCII 码值，这对以后的编程会很有帮助。如已知数字字符'0'的 ASCII 码值为 48，那么'7'的 ASCII 码值为 48+7=55；同理，'a'的 ASCII 码值为 97，则'f'的 ASCII 码值为 97+5=102。常用字符的 ASCII 码值如表 2-5 所示。

表 2-5 常用字符的 ASCII 码值

字　符　类　别	ASCII 码范围	字　符　类　别	ASCII 码范围
数字：'0'～'9'	48～57	小写字母：'a'～'z'	97～122
大写字母：'A'～'Z'	65～90	特殊字符	空格：32；回车：13

（4）字符串常量

字符串常量是用一对双引号括起来的零个或多个字符，其中双引号仅起定界作用，本身并不是字符串中的内容。如""，"Hello,world!"，"123"等。

一个字符串中所包含的字符个数，称为该字符串的长度。字符串中若有转义字符，则应把它视为一个整体，当作一个字符来计算。如字符串"Hello,world!\n"的长度为 13，而不是 14。

C 语言规定在存储字符串常量时，由系统在字符串的末尾自动加一个'\0'作为结束标志。'\0'在内存中占一个字节，它不引起任何控制动作，也不可显示，只用于系统判断字符串是否结束。因此，长度为 n 的字符串常量，在内存中占用 n+1 个字节。

字符常量与字符串常量的主要区别是：

1）定界符不同：字符常量使用单引号，而字符串常量使用双引号。

2）长度不同：字符常量只能是单个字符，字符串常量则可以包含零个或多个字符。

3）占用内存大小不同：字符常量占一个字节，而字符串常量除了要存储有效的字符外，还要存储一个结束标志'\0'。

2. 符号常量

符号常量是指用符号表示的常量。符号常量在使用之前必须先定义。其定义的一般形式为：

#define 标识符 常量

其中，"标识符"是以字母或下划线开头，并且只能是由字母、数字和下划线组成的字符序列。标识符通常作为变量、符号常量、函数及用户定义对象的名称。其有效长度为 1～32 个字符，但为了便于程序阅读，建议不超过 8 个字符。

【例 2.1】 符号常量的使用。

```
#define PI 3.1415926        //定义符号常量 PI,表示圆周率
main()
{
    float r,area;           //定义变量 r 表示圆的半径,area 表示圆的面积
    r=5.0;
    area=PI*r*r;
    printf("area=%f\n",area);
}
```

程序运行结果如下：

```
area=78.539815
```

该例的作用是计算圆的面积。其中的标识符 PI 就是一个符号常量，它代表常量 3.1415926。

在程序中使用符号常量主要有两个好处。一是修改程序方便。当程序中多处使用了某个常量而又要修改该常量时，修改的操作十分烦琐，而且容易错改、漏改。当采用符号代表该常量时，只需修改定义格式中的常量值即可做到一改全改，十分方便。二是见名知意，便于理解程序。如将 3.1415926 定义为 PI，很容易理解为圆周率。

注意： 符号常量不同于变量，其值在它的作用域内不能改变，也不能再被赋值。习惯上，符号常量名用大写，变量名用小写，以示区别。符号常量定义中的 "#define" 是一个编译预处理命令，其详细内容将在第 6 章中介绍。

2.2.2.2 变量

变量是指在程序执行过程中其值可以被改变的量，在 C 语言中，通常用变量来保存程序执行过程中的输入数据、中间结果以及最终结果等。变量有三个基本要素，即变量类型、变量名和变量的值。在使用变量之前，必须先对其进行定义。

1. 变量定义

变量定义的一般形式为：

类型说明符 变量 1,变量 2, …,变量 n;

其中，省略号 "…" 表示该部分可以多次重复；"类型说明符" 用来指定变量的数据类型，可以是 C 语言的基本数据类型，也可以是用户自定义的数据类型；当有多个变量时，彼此间要用逗号分隔。例如，任务一中的变量定义：

```
float data1,data2;
int choose;
char yes_no;
```

注意：

（1）在 C 语言中，变量定义不是可执行语句，必须出现在可执行语句之前。

（2）同一变量只能定义一次，不能重复。

（3）变量名不能是 C 语言的关键字（见附录Ⅱ），要见名知意，并尽可能简短。

（4）变量的类型应根据变量的取值范围来选择，以占用内存少、操作简便为优。

（5）C 语言没有提供字符串类型，字符串是用字符数组或指针来处理的。

2. 变量赋初值

当首次引用一个变量时，变量必须有一个唯一确定的值，变量的这个取值称为变量的初值。在 C 语言中，常用两种方法给变量赋初值。

（1）在定义变量时赋值。例如：

```
float data1=1.5,data2=2.6;
int choose=1;
char yes_no='y';
```

（2）先定义后赋值。例如：

```
float data1,data2;                //变量定义部分
data1=1.5;data2=2.6;             //变量赋初值
```

这两种方法都是用赋值运算符"="给变量赋初值，在后续章节中将学习如何用输入函数给变量随机赋值。

2.2.3 运算符和表达式

描述各种不同运算的符号称为运算符，由运算符把操作数（运算对象）连接起来的式子称为表达式。根据操作数的个数，运算符可分为一元运算符、二元运算符、三元运算符，也称为单目运算符、双目运算符、三目运算符。表达式的类型由运算符的类型决定，可分为算术表达式、关系表达式、逻辑表达式、条件表达式和赋值表达式。

C 语言规定了运算符的优先级和结合性（见附录Ⅲ）。优先级是指当一个表达式中出现多个不同的运算符时运算的先后顺序。运算符的优先级有以下特点：

（1）单目运算符>双目运算符。

（2）算术运算符>关系运算符>逻辑运算符>条件运算符>赋值运算符>逗号运算符。

结合性是指当一个表达式中出现两个以上优先级相同的运算符时，运算的方向是从左到右还是从右到左。在 C 语言中，赋值运算符和条件运算符是从右往左结合的，除此之外的双目运算符都是从左往右结合的。例如，a+b+c 是按(a+b)+c 的顺序运算的；而 a=b=c 是按 a=(b=c)的顺序赋值的。

在学习运算符时需要注意其优先级、结合性以及与数学运算符的区别。

2.2.3.1 算术运算符及其表达式

算术表达式也称为数值型表达式，由算术运算符、数值型常量、变量、函数和圆括号组成，其运算结果为数值。算术运算符分为单目运算符和双目运算符。

1. 双目运算符

双目运算符是人们比较熟悉的运算符，需要两个操作数参与，通常得出一个结果。其运算符有加"+"、减"-"、乘"*"、除"/"、取余"%"五种。在此重点介绍除和取余运算。

（1）除运算。C 语言规定：两个整数相除，其商为整数，小数部分被舍弃。例如，10/3

结果为 3。如果相除的两个数中至少有一个是实型，则结果为实型。例如，10.0/3 结果为 3.333333。如果商为负值，则取整的方向随系统而异。但大多数系统采取"向零取整"原则，即取整后向零靠拢。例如，-5/3 结果为-1。

（2）取余运算。　求余数运算要求两侧的操作数均为整型数据，否则出错。例如，5%2 结果为 1。

在简易计算器项目中，主要使用"+"、"-"、"＊"、"/"来实现整数和实数的四则运算。

注意：C 语言中的算术表达式在书写时和数学公式有差异。例如，公式 b^2-4ac 需写成 b＊b-4＊a＊c 的形式。

2. 单目运算符

单目运算符可以和一个变量构成一个算术表达式。常见的单目运算符有：自增"++"和自减"--"，自增运算使单个变量的值增 1，自减运算使单个变量的值减 1。自增、自减运算符都有两种用法：

（1）前置运算，即运算符放在变量之前，如：++i，--j。它先使变量的值增（或减）1，然后再以变化后的值参与其他运算，即先增减，后运算。例如：

```
int i=3,j;
j=++i;                      //i 和 j 的值均为 4
```

如把 j=++i 改为 j=--i，则 i 和 j 的值均为 2。

（2）后置运算，即运算符放在变量之后，如 i++，j--。它使变量先参与其他运算，然后再使变量的值增（或减）1，即先运算，后增减。例如：

```
int i=3,j;
j=i++;                      //i 的值为 4，j 的值为 3
```

如把 j=i++ 改为 j=i--，则 i 的值为 2，j 的值为 3。

说明：

（1）自增、自减运算常用于循环语句（第 5 章）以及指针变量（第 8 章）中。它使循环控制变量加（或减）1，或使指针指向下（或上）一个地址。

（2）自增、自减运算符不能用于常量和表达式。例如，5++，--(a+b)等都是非法的。

2.2.3.2　赋值运算符及其表达式

由赋值运算符组成的表达式为赋值表达式。最常用的是简单的赋值运算符"="，在前面的章节中已经出现过很多次了。另外，还有复合的赋值运算符，即在赋值运算符之前再加一个双目运算符构成。常用的复合赋值运算符有"+="、"-="、"＊="、"/="、"%="等。

例如：

```
x+=5                        //等价于 x=x+5
y*=x+3                      //等价于 y=y*(x+3)，而不是 y=y*x+3
```

赋值运算符的优先级比算术运算符、关系运算符和逻辑运算符低，其结合性为自右向左，即先求表达式的值，然后将表达式的值赋给变量。

赋值运算符的这种写法，对初学者可能不习惯，但十分有利于编译处理，能提高编译效率，并产生质量较高的目标代码。

2.2.3.3　关系运算符及其表达式

关系运算符用于比较两个操作数之间的关系，若关系成立，则返回一个逻辑真值，否则返回一个逻辑假值。由于 C 语言没有逻辑型数据，所以用整数"1"表示逻辑真，用整

数 "0" 表示逻辑假。但在判断一个量是否为真时，用 0 表示 "假"，非 0 表示 "真"，即把一个非零的数值作为 "真"。

关系运算符共有六种："＞"、"＜"、"＞="、"＜="、"＝＝"、和 "!="，依次为：大于、小于、大于等于、小于等于、等于和不等于。它们都是双目运算符，其中前四种运算符的优先级相同，后两种运算符的优先级相同，但前四种运算符的优先级高于后两种。关系运算符的优先级比算术运算符低。

需要注意的是，等于运算符 "＝＝" 由两个等号组成，中间不能有空格，使用时要特别注意不要和赋值运算符 "=" 混淆。例如，在简易计算器的除法运算中，需要判断第二个操作数 data2（即除数）的值是否为 0，则关系表达式应写成 data2==0，而不能写成 data2=0。

在实际编程时，常用表达式 i%2==0 判断整数 i 的奇偶性，如果表达式的值为逻辑假，则 i 为奇数，否则 i 为偶数。

2.2.3.4　逻辑运算符及其表达式

关系表达式只能描述单一条件，如 "x>1"。如果需要描述 "x>1" 同时 "x<5"，就要借助于逻辑表达式了。

逻辑表达式是指用逻辑运算符将一个或多个表达式连接起来的式子。逻辑表达式得到的结果和关系表达式类似，返回逻辑真值或逻辑假值。最常用的逻辑运算符是：非 "!"、与 "&&"、或 "||"。其中，"!" 是单目运算符，只要求有一个操作数，其优先级最高，高于算术运算符；"&&" 和 "||" 是双目运算符，它要求有两个操作数。"&&" 的优先级次之，"||" 的优先级最低，但两者均比关系运算符和算术运算符的优先级低。逻辑运算符的运算规则如下：

（1）!：当操作数的值为真时，运算结果为假；当操作数的值为假时，运算结果为真。

（2）&&：当且仅当两个操作数的值都为真时，运算结果为真，否则为假。

（3）||：当且仅当两个操作数的值都为假时，运算结果为假，否则为真。

例如，在简易计算器项目中，需要判断用户选择的主菜单选项（存放于变量 choose 中）是否在整数 1~4 之间，则表达式可写为 choose>=1 && choose<=4。如果用户输入的主菜单选项为 1~4 之间的任意整数，则表达式的值为真，否则为假。

注意：

（1）逻辑运算符两侧的操作数，除可以是 0 和非 0 的整数外，也可以是其他任何类型的数据，如实型、字符型等，但这些值都要根据规则看成是逻辑值。

（2）对于逻辑 "与" 运算，如果第一操作数被判定为假，系统不再判定或求解第二操作数。

（3）对于逻辑 "或" 运算，如果第一操作数被判定为真，系统不再判定或求解第二操作数。

（4）数学中的 a 大于 b 且 b 大于 c，应写 (a>b)&&(b>c) 的形式，而不能写成 a>b>c，因为 a>b>c 在 C 语言中等价于 (a>b)>c，即先求出 a>b 的值（为 0 或 1），并使运算的结果继续参与后面的运算。例如，(4>3)&&(3>2) 的结果为 1，而 4>3>2 的结果为 0，因为它等价于 (4>3)>2。

2.2.3.5　条件运算符及其表达式

由运算符 "？" 与 "："组成的表达式为条件表达式。运算符 "？："是一个三目运算符，也是 C 语言中唯一的三目运算符，它是分支语句 if…else…的简单形式，有关 if…else…语句的内容将在第 4 章详细介绍，这里先介绍条件运算符的用法。其一般形式为：

表达式 1？表达式 2：表达式 3

其中表达式 1，表达式 2，表达式 3 的类型可以各不相同。

如果表达式 1 的值为非 0（即逻辑真），则运算结果等于表达式 2 的值；否则，运算结果等于表达式 3 的值。例如：

```
min=(a<b)?a:b
```

执行结果就是将条件表达式的值赋给 min，若 a 小于 b，min=a；若 a 不小于 b，min=b。条件运算符的优先级较低，仅高于赋值运算符和逗号运算符，其运算方向是从右向左结合。

2.2.3.6　逗号运算符及其表达式

由逗号运算符"，"把若干个表达式连接起来的式子，称为逗号表达式。逗号运算符的优先级最低。其一般形式如下：

表达式 1，表达式 2，…，表达式 n

其求解过程是自左至右依次计算各表达式的值，"表达式 n"的值即为整个逗号表达式的值。例如，已知长方体的长、宽、高，求体积，可用下面的表达式：

```
a=3,b=4,c=5,v=a*b*c
```

则整个逗号表达式的值为 60，即体积值。

注意：并不是任何地方出现的逗号，都是逗号运算符，很多情况下，逗号仅作分隔符。

2.2.3.7　sizeof 运算符

sizeof 运算符是单目运算符，它返回变量、常量或类型在内存中占用的字节数。它的使用形式是：

sizeof（类型名或表达式）

例如：

```
sizeof（int）        //获得整型数据所占内存空间的字节数，值为 2
sizeof（float）      //获得单精度数据所占内存空间的字节数，值为 4
sizeof（"Hello"）    //值为 6，因字符串"Hello"占 6 字节内存
```

同一种数据类型在不同的编译系统中所占空间不一定相同。例如，在基于 16 位的编译系统中（如 Turbo C 2.0），int 型数据占用 2 个字节，但在基于 32 位的编译系统中（如 VC++ 6.0），int 型数据要占用 4 个字节。因此为了便于移植程序，最好用 sizeof 运算符计算数据类型长度。

2.2.4　数据类型转换

不同类型的数据进行混合运算时，必须先转换成同一类型，然后再进行运算。数据类型转换分为自动类型转换和强制类型转换。

1. 自动类型转换

自动类型转换又称隐式类型转换，是由系统按类型转换规则自动完成的。其转换规则如图 2-1 所示。

（1）横向向左的箭头，表示无条件的转换。如 char 和 short 型无条件自动转换成 int 型，

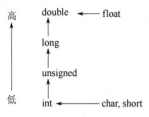

图 2-1　自动类型转换规则

float 型则无条件自动转换成 double 型。

（2）纵向向上的箭头，表示不同类型的转换方向。如 int 型与 double 型数据进行运算，先将 int 型数据转换成 double 型，然后在两个同类型数据间进行运算，其结果为 double 型。

总之，如果两个操作对象有一个是 float 型或 double 型，则另一个要先转换为 double 型，运算结果为 double 型；如果参加运算的两个数据中最高级别为 long，则另一个数据先转换成 long 型，运算结果为 long 型。不要理解为什么类型的运算都转换成 double 型，也不要理解为转换是一级一级完成的。如 int 转换成 double 的过程，不是 int->unsigned->long->double，而是直接将 int 型转成 double 型。

2. 强制类型转换

强制类型转换又称显式类型转换，是由程序员在程序中用类型转换运算符明确指明的转换操作。通常，当使用隐式类型转换不能满足要求时，就需要在程序中用强制类型转换。其一般形式为：

（类型名）（表达式）

功能：把表达式结果的类型转换为第一个圆括号中的数据类型。当被转换的表达式是一个简单表达式时，其外面的一对圆括号可以省略。

例如：

```
(double)a        //将变量 a 的值转换成 double 型，等价于(double)(a)
(int)(x+y)       //将 x+y 的结果转换成 int 型
(float)5/2       //将 5 转换成实型后除以 2，等价于(float)(5)/2，结果为 2.5
(float)(5/2)     //将 5 整除 2 的结果转换成实型，结果为 2.0
```

注意：无论是自动数据类型转换还是强制数据类型转换都是临时性的，它们都不能改变各个变量原有的数据类型和取值的大小。

2.3　知　识　扩　展

2.3.1　数值在计算机中的表示

1. 二进制位与字节

计算机系统的内存储器由许多称为字节的单元组成，1 个字节由 8 个二进制位（bit）构成，每位的取值为 0 或 1。最右端的 1 位称为“最低位”，最左端的 1 位称为“最高位”，一般用 1 字节，2 字节，4 字节，8 字节表示一个信息。例如，用 1 字节表示一个英文字符，2 字节表示一个汉字字符，4 字节表示一个实数。

2. 数值的原码表示

数值的原码表示是指将最高位用作符号位（0 表示正数，1 表示负数），其余各位代表数值本身的绝对值（以二进制形式表示）的表示形式。为了便于描述，本节和下一节约定用 1 个字节表示 1 个整数。

例如：十进制数+9 的原码是 00001001

　　　　　　└ 符号位上的 0 表示正数

　　十进制数-9 的原码是 10001001

　　　　　　└ 符号位上的 1 表示负数

3. 数值的反码表示

数值的反码表示分两种情况：

（1）正数的反码：与原码相同。

例如，+9 的反码是 00001001。

（2）负数的反码：符号位为 1，其余各位为该数绝对值的原码按位取反（1 变为 0、0 变为 1）。

例如，-9 的反码是 11110110。

4. 数值的补码表示

数值的补码表示分两种情况：

（1）正数的补码：与原码相同。

例如，+9 的补码是 00001001。

（2）负数的补码：符号位为 1，其余位为该数绝对值的原码按位取反，然后整个数加 1。

例如，-9 的补码：因为是负数，则符号位为"1"；其余 7 位为-9 的绝对值+9 的原码 0001001 按位取反为 1110110；再加 1，所以-9 的补码是 11110111。

5. 由补码求原码的操作

（1）如果补码的符号位为"0"，表示是一个正数，所以补码就是该数的原码。

（2）如果补码的符号位为"1"，表示是一个负数，求原码的操作是：符号位不变，其余各位取反，然后再整个数加 1。

例如，已知一个补码为 11110111，则原码是 10001001（-9）。因为符号位为"1"，表示是一个负数，所以该位不变，仍为"1"；其余 7 位 1110111 取反后为 0001000；再加 1，包括符号位，就是 10001001。

在计算机系统中，数值通常用补码表示（存储），原因在于：使用补码，可以将符号位和其他位统一处理；同时，减法也可按加法来处理。另外，两个用补码表示的数相加时，如果最高位（符号位）有进位，则进位被舍弃。

2.3.2　位运算

位运算是指进行二进制位的运算，可以对操作数以二进制位为单位进行数据处理。位运算经常应用于设备驱动程序以及检测和控制领域中。例如，在调制解调器驱动程序中用于屏蔽某些位，实现奇偶校验等。位运算要求参与运算的操作数必须是整型或字符型的数据，而不允许为实型或结构体类型的数据。

C 语言提供了六种位运算符，如表 2-6 所示。

表 2-6　　　　　　　　　　　　　　位 运 算 符

位运算符	含　义	举　　例
&	按位"与"	a&b，a 和 b 中各位按位进行"与"运算

续表

位运算符	含 义	举 例
|	按位"或"	a|b，a 和 b 中各位按位进行"或"运算
^	按位"异或"	a^b，a 和 b 中各位按位进行"异或"运算
~	按位取反	~a，对 a 中全部位取反
<<	左移	a<<2，a 中各位全部左移 2 位
>>	右移	a>>2，a 中各位全部右移 2 位

注　1. 位运算符中除"~"是单目运算符外，其余均为双目运算符。
　　2. 位运算符的优先级顺序为："~"高于"<<"、">>"高于"&"高于"^"高于"\|"。

1. 按位"与"运算符（&）

参加运算的两个数据，按二进制位进行"与"运算。

运算规则：0&0=0；0&1=0；1&0=0；1&1=1，即两个相应位同时为 1，结果才为 1，否则为 0。

例如，求 3&6 的值。应先把 3 和 6 以补码表示，再进行按位"与"运算。

$$3=00000011$$
$$(\&)6=\underline{00000110}$$
$$00000010$$

结果为 2 的补码，因此，3&6 的值为 2。

按位"与"运算通常有两种特殊的用途。

（1）清零

如果要将一个存储单元清零，即使其全部二进制位为 0，只要和一个各位都为零的数相与，则其结果为零。如：

$$3=00000011$$
$$(\&)0=\underline{00000000}$$
$$00000000$$

（2）取一个数中指定位

如果要将一个数 x 中的某些位保留下来（即屏蔽其他位），只要找一个新数，在 x 想保留的那些位上，新数相应位取值 1，其他位取值 0，然后将两数进行与运算。

例如，设 x=01101101，取 x 的低 4 位。

$$x=01101101$$
$$(\&)\quad \underline{00001111}$$
$$00001101$$

若取 x 的右起（从低位起）第 3,4,6 位，则为：

$$x=01101101$$
$$(\&)\quad \underline{00101100}$$
$$00101100$$

这种取一个数中某几位的办法也称为"屏蔽法"，即用 0 屏蔽掉不需要的位，而用 1 保留需要的位，为此找的新数也称为"屏蔽字"。

2.　按位"或"运算符（|）

参加运算的两个数据，按二进制位进行"或"运算。

运算规则：0|0=0；0|1=1；1|0=1；1|1=1。即两个相应位只要有一个为 1，结果为 1，两个相应位全为 0，结果才为 0。

例如，求 3|6 的值。

$$
\begin{array}{r}
3=00000011 \\
(|)\,6=00000110 \\
\hline
00000111
\end{array}
$$

结果为 7 的补码，因此，3|6 的值为 7。

用途：通常用来将一个数据的某些特定位置 1。

方法：将希望置 1 的位与 1 进行"或"运算，保持不变的位与 0 进行"或"运算。

例如，将 x=01101010 的低 4 位置 1，高 4 位不变。

$$
\begin{array}{r}
x=01101010 \\
(|)\quad 00001111 \\
\hline
01101111
\end{array}
$$

3.　按位"异或"运算符（^）

参加运算的两个数据，按二进制位进行"异或"运算。

运算规则：0^0=0；0^1=1；1^0=1；1^1=0。即两个相应位的值不同，结果为 1，否则为 0。

例如，求 3^6 的值。

$$
\begin{array}{r}
3=00000011 \\
(^)\,6=00000110 \\
\hline
00000101
\end{array}
$$

结果为 5 的补码，因此，3^6 的值为 5。

"异或"运算的用途如下：

（1）与 0 相"异或"，保留原值

例如，将 x=00010011 与 0 相"异或"。

$$
\begin{array}{r}
x=00010011 \\
(^)\,0=00000000 \\
\hline
00010011
\end{array}
$$

（2）使特定的位翻转

如果要使一个数 x 中某些指定位翻转，只要找一个新数，在 x 需要翻转的位上新数相应位取值 1，在 x 需要保持不变的位上新数相应位取值 0，然后将两数进行"异或"运算。

例如，设 x=01010011，将 x 的低 4 位翻转，高 4 位不变。

```
                    x=00010011
        (^)            00001111
                    ────────────
                       00011100
```

在交互式图形程序设计中，常用"异或"运算使像素翻转，而且对一个像素连续翻转两次即可恢复原态。因此，利用"异或"运算可以产生动画效果。

4. 按位取反运算符（~）

参加运算的一个数据，按二进制位进行取反运算。

运算规则：~1=0；~0=1。即将 0 变 1，1 变 0。

例如：

```
        (~)            00110011
                    ────────────
                       11001100
```

5. 左移运算符（<<）

左移运算是将操作数的各二进制位依次左移若干位。操作数向左移位后，右端出现的空位补 0。移至左端之外的位舍弃。

例如，设 a=00011001，求 a<<2 的值。即使 a 左移 2 位，右端补 0。左移操作如图 2-2 所示。

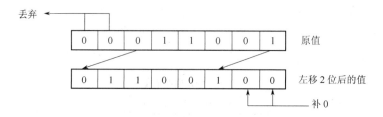

图 2-2　左移操作示意图

若左移时舍弃的高位不包含 1，则每左移一位，相当于移位对象乘以 2。

6. 右移运算符（>>）

右移运算是将操作数的各二进制位依次右移若干位。操作数若为无符号数，移位后左端出现的空位补 0，移位到右端之外的位被舍弃；操作数若为有符号数，高位为 0 时，则左边空位补 0（表示正数），高位为 1 时，则左边空位补 1（表示负数）。

例如，设 a=11111010，如果把 a 看成有符号数（十进制数-6），则 a>>2 的操作如图 2-3（a）所示；如果把 a 看成无符号数（十进制数 250），则 a>>2 的操作如图 2-3（b）所示。

上述变量 a 的值用补码表示，如果 a 为有符号数，右移时左端出现的高位空位补符号位 1（因为 a 为负数，所以补 1），如果 a 为无符号数，右移时左端出现的空位补 0。

和左移相对应：右移时，如果右端低位移出的部分不包含有效二进制数字 1，则每右移一位，相当于移位对象除以 2。

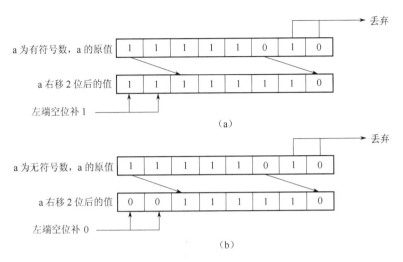

图 2-3　右移操作示意图

2.4　本　章　小　结

本章主要介绍了 C 语言中的基本数据类型、常量和变量、运算符和表达式以及不同数据类型间的转换，并结合简易计算器项目分析了它们的用法。在本章学习过程中，要重点掌握基本数据类型的表示方法、常量和变量的区别，并熟悉常用运算符的优先级和结合性。

本章主要内容有：

（1）C 语言提供了丰富的数据类型，基本数据类型有整型、实型和字符型。

（2）常量是指在程序运行期间其值不可改变的量。常量有整型常量、实型常量、字符型常量、字符串常量和符号常量。

（3）变量是指在程序运行期间其值可以改变的量。变量在使用前必须先定义。

（4）C 语言的表达式非常丰富，有算术表达式、赋值表达式、关系表达式、逻辑表达式、条件表达式和逗号表达式等。

（5）在 C 语言中，不同类型的数据间进行混合运算时，必须先转换成同一类型，然后再进行运算。数据类型转换分为自动类型转换和强制类型转换两种。

（6）位运算是指进行二进制位的运算。位运算要求参与运算的操作数必须是整型或字符型的数据。

2.5　习　　题

一、单项选择题

1. C 语言中的标识符只能由字母、数字和下划线三种字符组成，且第一个字符（　　）。

　A．必须是字母

　B．必须是下划线

　C．必须是字母或下划线

  D．可以是字母、数字和下划线中的任一字符。

2．在 C 语言中，合法的字符常量是（ ）。

  A．'\084'   B．"a"   C．'ab'   D．'\0'

3．在 C 语言中，下列哪个是合法的实型常量（ ）。

  A．.e2   B．1.4E0.5   C．1.3145e2   D．e3

4．设有变量定义：Char a='\72';则变量 a（ ）。

  A．包含 1 个字符 B．包含 2 个字符 C．包含 3 个字符 D．不合法

5．下列数据中属于字符串常量的是（ ）。

  A．abc   B．'abc'   C．"abc"   D．'a'

6．下面关于字符常量和字符串常量的叙述中错误的是（ ）。

  A．字符常量由单引号括起来，字符串常量由双引号括起来

  B．字符常量只能是单个字符，字符串常量则必须包含多个字符

  C．字符常量占内存一个字节，字符串常量所占字节数等于字符串的实际字符个数加 1

  D．可以把一个字符常量赋予一个字符变量，但不能把一个字符串常量赋予一个字符变量

7．C 语言中，两个运算对象都必须为整型数据的运算符是（ ）。

  A．%   B．/   C．%和/   D．%和\

8．设 x，y，z 和 k 都是 int 型变量，则执行表达式 x=（y=4，z=16，k=32）后 x 的值为（ ）。

  A．4   B．16   C．32   D．52

9．数学中的式子 x≥y≥z，应使用 C 语言表达式（ ）。

  A．(x>=y)&&(y>=z)   B．(x>=y)and(y>=z)

  C．(x>=y>=z)   D．(x>=y)&(y>=z)

10．逻辑运算符两侧运算对象的数据类型（ ）。

  A．只能是 0 或 1   B．只能是 0 或非 0 正数

  C．只能是整型或字符型数据   D．可以是任意类型的数据

11．判断 char 型变量 ch 是否为大写字母的正确表达式是（ ）。

  A．'A'<=ch<='Z'   B．(ch>= 'A')&(ch<='Z')

  C．(ch>= 'A')&&(ch<='Z')   D．(ch>= 'A')AND(ch<='Z')

12．在 C 语言中，要求操作数必须是整型或字符型的运算符是（ ）。

  A．&&   B．&   C．!   D．||

13．设有如下语句：

```
char x=3,y=6,z;
z=x^y<<2;
```

  则 z 的二进制值是（ ）。

  A．00010100   B．00011011

  C．00011100   D．00011000

二、填空题

1. C 语言的基本数据类型分为_____、_____和_____。

2. 在 16 位的 C 语言编译系统中，整型、长整型、单精度型、双精度型、字符型的数据在内存占用的字节数分别为_____、_____、_____、_____、_____。

3. 整型常量的三种表示方法为_____、_____、_____，实型常量的两种表示方法为_____和_____。

4. 设 a 为 int 型变量，则执行表达式 a=36/5%3 后，a 的值为_____。

5. 执行 int x=4,y;y=x--;后，x 的值是_____，y 的值是_____。

6. 执行 int x=5,y;y=++x;后，x 的值是_____，y 的值是_____。

7. 代数式-2ab+b-4ac 改写成 C 语言的表达式为_____。

8. 设有定义：char w;int x;float y;double z; 则表达式 w*x+z-y 值的数据类型是_____。

9. 已知 a=1，b=2，c=3，d=4，m 和 n 的原值为 1，执行表达式（m=a>b）&&(n=c>d)后，n 的值是_____。

10. 设变量 a 的二进制形式是 00101101，若想通过运算 a^b 使 a 的高 4 位取反，低 4 位不变，则 b 的二进制形式应是_____。

11. 一个数与 0 进行按位异或运算的结果是_____。

12. a 为任意整数，能将变量 a 清零的表达式是_____。

13. a 为任意整数，能将变量 a 中的各二进制位均置成 1 的表达式是_____。

14. 对一个数进行左移操作相当于对该数_____。

15. 能将两字节变量 x 的高 8 位置全 1，低字节保持不变的表达式是_____。

16. 对一个数进行右移操作相当于对该数_____。

第 3 章 项目主菜单的顺序执行设计

第 2 章介绍了数据类型、常量和变量、运算符和表达式等 C 语言的一些基本要素，它们是构成程序的基本成分，但是只有这些成分是不够的，必须按照一定的规则将它们组合起来，才能形成一个完整的程序。本章将结合简易计算器项目主菜单的顺序执行设计，介绍 C 程序语句、输入/输出函数、算法和程序的三种基本控制结构等内容，并结合几个典型实例说明顺序结构程序设计的思想和方法。

学习目标：
- 了解 C 语言程序语句；
- 掌握格式化输入/输出函数的使用方法；
- 掌握单字符输入/输出函数的使用方法；
- 理解算法的概念、特性和描述方法；
- 理解程序的三种基本控制结构，掌握顺序结构程序的编写方法。

3.1 任务二 用输入/输出函数实现项目主菜单的顺序执行

1. 任务描述

实现简易计算器项目主菜单的设计，并能够从键盘输入两个运算数，按主菜单中列出的加、减、乘、除顺序依次进行运算，并输出每种运算的结果。

2. 任务涉及知识要点

该任务涉及到的新知识点主要有：C 语言程序语句、格式化输出函数 printf( )、格式化输入函数 scanf( )以及顺序结构程序设计。

3. 任务分析

该任务需要解决三个问题，即如何显示主菜单，如何从键盘接收数据，如何完成加、减、乘、除四种运算并输出结果。

（1）显示主菜单。简单菜单的制作可利用 C 语言提供的标准输出函数 printf( )来实现，界面中的边框可通过字符"|"和"－"的多次输出拼接起来，也可以使用其他字符界定边框。需要注意的是，菜单设计应做到美观、友好、整齐。

（2）从键盘接收数据。C 语言提供的标准输入函数很多，但根据任务接收数据的类型选用 scanf( )，该函数不但能输入实型数据，还能输入整型和字符型数据。

（3）加、减、乘、除四种运算的实现。四种运算可分别用 2.2.3 节介绍的算术运算符"+"、"-"、"*"、"/"实现。在书写程序时，需要注意 C 语言中的乘、除表示方法和数学公式中不同。最后的运算结果可用 printf( )函数输出。

4. 任务实现

根据以上分析，可写出如下完整程序：

```c
#include <stdio.h>
#include <stdlib.h>                    //使用 system("cls")函数时需加此行
main()
{
    float data1,data2;                 //存放参与运算的两个操作数
    system("cls");                     //调用清屏函数。若在 TC 下运行，改用 clrscr()
    printf("\n\n");
    printf("\t\t|---------------------------------|\n");
    printf("\t\t|            简易计算器           |\n");
    printf("\t\t|---------------------------------|\n");
    printf("\t\t|            1---加法              |\n");
    printf("\t\t|            2---减法              |\n");
    printf("\t\t|            3---乘法              |\n");
    printf("\t\t|            4---除法              |\n");
    printf("\t\t|            0---退出              |\n");
    printf("\t\t|---------------------------------|\n");
    printf("\t\t  请输入第一个运算数：");
    scanf("%f",&data1);
    printf("\t\t  请输入第二个运算数：");
    scanf("%f",&data2);
    printf("\t\t  加法运算结果为：\n");
    printf("\t\t  %f + %f = %f \n",data1,data2,data1+data2);
    printf("\t\t  减法运算结果为：\n");
    printf("\t\t  %f - %f = %f \n",data1,data2,data1-data2);
    printf("\t\t  乘法运算结果为：\n");
    printf("\t\t  %f * %f = %f \n",data1,data2,data1*data2);
    printf("\t\t  除法运算结果为：\n");
    printf("\t\t  %f / %f = %f \n",data1,data2,data1/data2);
}
```

程序运行结果如图 3-1 所示。

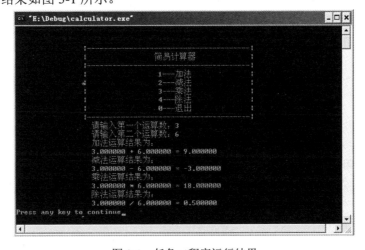

图 3-1　任务二程序运行结果

因为该任务主要实现主菜单的顺序执行操作，不要求用户选择菜单项和输入是否继续的应答。因此，第 2 章任务一中定义的 choose 和 yes_no 两个变量在此暂不考虑。

5. 要点总结

在程序设计中，为了保证程序的正确运行，需要对输入的数据进行合法性检查，如果输入的数据有错误，则应进行相应的处理。如该任务中，当运算类型为除法时，应当判断输入的除数（即 data2）是否为零，并给出错误信息和相应处理。这一判断是用分支语句实现的，具体用法将在第 4 章介绍。

3.2 理 论 知 识

3.2.1 C 语言程序语句

一个 C 语言程序是由若干语句组成的，每个语句以分号作为结束符。C 语言的语句可以分为五类，分别是控制语句、表达式语句、函数调用语句、空语句和复合语句。下面分别介绍。

1. 控制语句

控制语句完成一定的控制功能。C 语言有九条控制语句，又可细分为三种：

（1）选择结构控制语句：

```
if()… else…, switch()…
```

（2）循环结构控制语句：

```
do…while(), for()…, while()…, break, continue
```

（3）其他控制语句：

```
goto, return
```

2. 表达式语句

表达式语句由表达式后加一个分号构成。最常见的表达式语句是在赋值表达式后加一个分号构成的赋值语句。例如，"num=5" 是一个赋值表达式，而 "num=5;" 却是一个赋值语句。

3. 函数调用语句

函数调用语句由一次函数调用加一个分号构成。例如：

```
printf("This is a C Program.");
```

4. 空语句

空语句仅由一个分号构成，不执行任何动作。空语句主要用于指明被转向的控制点或在特殊情况下作为循环语句中的循环体。

5. 复合语句

复合语句由花括号括起来的一个或多个语句构成，也称为块语句。例如：

```
#include <stdio.h>
main()
{
    {                              //复合语句的开始
        int a=1,b;
```

```
        b=a*a-1;
        printf("%d",b);
    }                        //复合语句的结束。注意：右括号后不需要分号
}
```

复合语句被看成一个语句，可以出现在单条语句出现的任何地方，广泛用于控制语句中。复合语句可以嵌套，即复合语句中也可包含一个或多个复合语句。

3.2.2 格式化输入/输出函数

程序运行中，有时候需要从外部设备（例如键盘）上得到一些原始数据，程序运行结束后，通常要把运行结果发送到外部设备（例如显示器）上，以便人们对结果进行分析。程序从外部设备上获得数据的操作称为"输入"，程序发送数据到外部设备的操作称为"输出"。

C 语言本身没有专门的输入/输出语句，其输入/输出的操作是通过调用 C 语言的库函数来实现的。这些库函数以库的形式存放在扩展名为.h 的文件中，这种文件称为头文件。在使用库函数时，要用预编译命令"#include"将有关"头文件"包含到用户的源程序中。因此，源文件开头应加入预编译命令：

```
#include <stdio.h>或#include "stdio.h"
```

stdio 是 standard input & output 的意思。

printf( )和 scanf( )函数属于标准输入/输出函数，使用频繁。为此，系统允许在使用这两个函数时可不包含头文件"stdio.h"。有关预编译命令的知识将在第 6 章详细介绍。

3.2.2.1 格式化输出函数 printf( )

printf( )函数是最常用的输出函数，它的作用是向计算机系统默认的输出设备（一般指显示器）输出一个或多个任意指定类型的数据。它的一般形式为：

printf("格式字符串", 输出项表);

例如，3.1 节任务二中加法运算结果的输出：

```
printf("\t\t  %f + %f = %f \n",data1,data2,data1+data2);
```

1. 格式字符串

格式字符串也称格式控制字符串，是由双引号括起来的字符串，用于指定输出格式。它包含格式说明符、转义字符和普通字符三种。

（1）格式说明符

格式说明符由"%"和格式字符组成，以说明输出数据的类型、形式、长度、小数位等格式。如"%d"表示按十进制整型输出，"%f"表示按实型数据输出 6 位小数，"%c"表示按字符型输出等。C 语言中提供的格式字符如表 3-1 所示。

表 3-1   printf( )格式字符

格式字符	说　明
d	以十进制形式输出带符号的整数（正数不输出符号）
u	用来输出 unsigned 型整数，以十进制无符号形式输出整数
o	以八进制无符号形式输出整数（不输出前缀 0）
x，X	以十六进制无符号形式输出整数（不输出前缀 0x 或 0X）
c	用来输出单个字符

续表

格式字符	说　明
s	用来输出一个字符串
f	以小数形式输出单精度和双精度实数，隐含输出 6 位小数
e，E	以指数形式输出实数
g，G	按 e 和 f 格式中较短的一种输出

（2）转义字符

常用的有回车换行符'\n'、Tab 符'\t'等，这些字符通常用来控制光标的位置。

（3）普通字符

普通字符指除格式说明符和转义字符之外的其他字符。普通字符输出时将原样输出。其作用是作为输出时数据的间隔，在显示中起提示作用。

例如，任务二中加法运算结果的输出语句：

```
printf("\t\t  %f + %f = %f \n",data1,data2,data1+data2);
```

其中 "+" 和 "=" 都是普通字符。

2. 输出项表

输出项表由若干个输出项构成，输出项之间用逗号来分隔，每个输出项既可以是常量、变量，也可以是表达式。有时调用 printf( )函数也可以没有输出项。在这种情况下，一般用来输出一些提示信息，例如：

```
printf ("Hello, world!\n");
```

3. 附加修饰符

在 printf( )函数的格式说明符%和格式字符间还可以插入修饰符，用于确定数据输出的宽度、精度、小数位数、对齐方式等，能够更规范整齐地输出数据，当没有修饰符时，则按系统默认设定输出。常用的修饰符如表 3-2 所示。

表 3-2　　　　　　　　　　　　printf( )的附加修饰符

修　饰　符	说　明
(字母)l	用于长整型，可加在格式符 d，o，x，u 的前面
(正整数)m	数据输出时的最小宽度
(正整数).n	对实数表示输出 n 位小数，对字符串则表示截取的字符个数
(负号)-	输出的数字或字符在域内向左对齐

附加修饰符的使用举例见表 3-3 所示。

表 3-3　　　　　　　　　　　　printf( )附加修饰符示例

输出语句	说　明	输出结果
printf("%5d", 42);	输出列宽为 5 的整数，不够 5 位左边补空格，向右对齐	□□□42
printf("%-5d", 42);	输出列宽为 5 的整数，不够 5 位右边补空格，向左对齐	42□□□
printf("%7.2f", 1.23456);	输出列宽为 7 的实数，其中小数位为 2 位，整数位为 4 位，小数点占一位，不够 7 位左边补空格，向右对齐	□□□1.23

续表

输出语句	说　　明	输出结果
printf("%.2f", 1.23456);	输出实数，其中小数位为 2 位，整数位为其实际整数位数	1.23
printf("%5.3s", "student");	输出列宽为 5，但只截取字符串左端 3 个字符输出。字符串不够 5 位左边补空格，向右对齐	□□stu
printf("%-5.3s", "student");	输出列宽为 5，但只截取字符串左端 3 个字符输出。字符串不够 5 位右边补空格，向左对齐	stu□□

注　表中的"□"表示空格。

如果字符串的长度或整数位数超过说明的列宽，则按其实际长度输出。但对实数，若整数部分超过了说明的整数位宽度，将按实际整数位输出；若小数部分位数超过了说明的小数位宽度，则按说明的列宽以四舍五入输出。

注意：

（1）printf( )函数可以输出常量、变量和表达式的值。但格式字符串中的格式说明符必须按从左到右的顺序，与输出项表中的每个数据一一对应，否则出错。

（2）格式字符 x，e，g 可以用小写字母，也可以用大写字母。使用大写字母时，输出数据中包含的字母也大写。除了 x，e，g 格式字符外，其他格式字符必须用小写字母，例如，"%f"不能写成"%F"。

（3）格式字符紧跟在"%"后面就作为格式字符，否则将作为普通字符原样输出，例如："printf("c=%c, f=%f\n", c, f);"中"="左边的 c 和 f 都是普通字符。

3.2.2.2　格式化输入函数 scanf( )

scanf( )函数的功能是从计算机默认的输入设备（一般指键盘）向计算机主机输入数据。调用 scanf( )函数的一般形式为：

scanf("格式字符串"，输入项地址表)；

例如，任务二中第一个运算数 data1 的输入：

```
scanf("%f",&data1);
```

1. 格式字符串

格式字符串是由双引号括起来的字符串，包括格式说明符、空白字符（空格、Tab 键和回车键）和非空白字符（又称普通字符），其中的格式说明符和 printf( )函数相似，由"%"和格式字符组成，中间可以插入附加的修饰字符。

格式字符串中若有普通的字符，在输入时要原样输入。例如，任务二中第一个运算数 data1 的输入如改为：

```
scanf("data1=%f",&data1);
```

则输入时"data1="也必须输入。假设 data1 的值为 2.5，则程序运行时应按如下形式输入：

<u>data1=2.5</u>✓

但是，在实际应用时，为改善人机交互性，同时简化输入操作，在设计输入操作时，一般先用 printf( )函数输出一个提示信息，再用 scanf( )函数进行数据输入。例如：

```
scanf("data1=%f",&data1);
```

可改为：

```
printf("data1=");
scanf("%f",&data1);
```

2. 输入项地址表

输入项地址表由若干个输入项地址组成，相邻两个输入项地址之间用逗号分隔。输入项地址表中的地址，可以是变量的地址，也可以是字符数组名或指针变量（分别在第 7 章和第 8 章介绍）。变量地址的表示方法为"&变量名"，其中，"&"是地址运算符。

任务二中两个运算数的输入也可用一个 scanf( )实现，方法是将任务二中如下所示的程序段 1 改为程序段 2。

程序段 1：

```
printf("\t\t  请输入第一个运算数: ");
scanf("%f",&data1);
printf("\t\t  请输入第二个运算数: ");
scanf("%f",&data2);
```

程序段 2：

```
printf("\t\t  请输入两个运算数（两数之间用逗号分开）: ");
scanf("%f,%f",&data1, &data2);
```

则输入时应按如下形式：

2.5,3.6↙

注意：

（1）在调用 scanf( )函数时，如果相邻两个格式说明符之间不指定数据分隔符（如逗号、冒号等），则相应的两个输入数据之间至少用一个空格分开，或者用 Tab 键分开，或者输入一个数据后，按回车，然后再输入下一个数据。

例如：

```
scanf("%f%f",&data1,&data2);
```

假设给 data1 输入 10，给 data2 输入 20，则正确的输入操作为（"□"为空格）：

10□20↙

或者：

10↙

20↙

（2）格式字符串中出现的普通字符必须原样输入，否则会导致输入出错。

例如：

```
scanf("data1=%f,data2=%f",&data1,&data2);
```

假设给 data1 输入 10，给 data2 输入 20，正确的输入操作为：

data1=10,data2=20↙

（3）对实型数据，输入时不能规定其精度。例如：

```
scanf("%6.2f,%6.2f",&data1, &data2);是不合法的。
```

（4）使用格式说明符"%c"输入单个字符时，应避免将空格和回车等作为有效字符输入。

例如：

```
scanf("%c%c%c",&ch1,&ch2,&ch3);
```

假设输入：A□B□C↙，则系统将字符'A'赋值给 ch1，空格赋值给 ch2，字符'B'赋值给

ch3，而字符'C'并没有赋给 ch3。正确的输入方法应当是：<u>ABC</u>✓

（5）数值型数据与字符型数据混合输入。数值型数据（整型、实型）与字符型数据混合输入时要特别小心，如果输入格式不对，就不能得到正确的结果。

例如：

```
int x1,x2;
char c1,c2;
scanf("%d%c%d%c",&x1,&c1,&x2,&c2);
printf("%d,%c,%d,%c\n",x1,c1,x2,c2);
```

如果输出结果为：10,a,20,b

正确的输入操作为：<u>10a20b</u>✓

即数字与字符之间不能有空格。这是因为空格是字符，如果 10 与 a 之间输入了空格，系统将空格赋值给 c1，而不是将字符 a 赋值给 c1。

3.2.3　单字符输入/输出函数

除了使用 scanf( )函数和 printf( )函数输入/输出字符数据外，C 语言还提供了 getchar( )，getch( )和 putchar( )函数，专门用来输入/输出单个字符。

1. 单字符输出函数 putchar( )

putchar( )函数的功能是在显示器上输出单个字符。其一般形式为：

putchar (ch);

其中，ch 可以是一个字符变量或字符常量，也可以是一个转义字符。例如：

```
putchar('A');        //输出大写字母 A
putchar(x);          //输出字符变量 x 的值
putchar('\n');       //换行，对控制字符则执行控制功能，不在屏幕上显示。
```

2. 单字符输入且回显函数 getchar( )

getchar( )函数的功能是从键盘输入单个字符，并且字符回显在屏幕上。其一般形式为：

ch=getchar( );

getchar( )函数是一个无参函数，但调用 getchar( )函数时，后面的圆括号不能省略。getchar( )函数从键盘接收一个字符作为它的返回值。

【例 3.1】编写一个 C 程序，先从键盘接收一个字符，然后显示在屏幕上。

```
#include <stdio.h>
main()
{
    char ch;
    ch=getchar();
    putchar(ch);
    putchar('\n');
}
```

程序运行结果：

<u>A</u>✓

A

getchar( )函数得到的字符可以赋给一个字符型变量或整型变量，也可作为表达式的一部分。如[例 3.1]可改为：

```
#include <stdio.h>
```

```
main()
{
    putchar(getchar());
    putchar('\n');
}
```

程序运行结果同［例 3.1］。

需要注意的是，程序中如果调用了 putchar( )函数或 getchar( )函数，则在程序的开头必须加上"#include "stdio.h""或"#include <stdio.h>"，否则，程序编译时会出错。

3. 单字符输入无回显函数 getch( )

getch( )函数的功能也是从键盘输入一个字符，但是字符不回显在屏幕上。其一般形式为：

getch( )；

getch( )函数一般用来使屏幕暂停或输入密码等操作。

【例 3.2】 getch( )函数应用举例。

```
#include <stdio.h>
#include <conio.h>
main()
{
    char ch;
    printf("请输入一个字符:");
    ch=getchar();            //从键盘上输入一个字符赋给变量 ch，并显示该字符
    putchar(ch);
    printf("\n 按任意键继续……");
    getch();                //暂停,以观察结果
}
```

程序运行结果：

请输入一个字符：a↙

a

按任意键继续……

［例 3.2］只给出了 getch( )函数使屏幕暂停的操作，使用 getch( )输入密码的操作将在第 7 章中详细介绍。

需要注意的是，getch( )函数只需要用户按下一个有实际意义的键就结束输入，而 getchar( )函数则需要等到用户按回车键才会结束输入。另外，getch( )函数也是 C 语言的库函数，使用时必须在文件的开头加上"#include <conio.h>"。

3.2.4 算法与程序的三种基本结构

3.2.4.1 算法的概念

在程序的编写过程中，一般需要考虑两个方面的问题：一个是数据结构，即程序中所要处理的数据对象以及它们之间的相互关系；另一个就是算法，即解决一个问题所采取的方法和步骤。算法一般不是唯一的。例如从家到学校的路线，就可以有多个选择方案。

利用计算机来解决问题需要编写程序，在编写程序前要对问题进行分析，设计解题的方法与步骤，也就是设计算法。算法的好坏决定了程序的优劣，因此，算法的设计是程序设计的核心任务之一。

3.2.4.2 算法的特性

通常，一个算法必须具备以下五个基本特性。

（1）有穷性。算法所包含的操作步骤是有限的，且每一步都应在有限时间内完成。

（2）确定性。算法的每一步都应该是确定的，不允许有歧义。

（3）有效性。算法的每一步都必须有效可行，即能够由计算机执行。例如，对一个负数求平方根，就是一个无效的步骤。

（4）有零个或多个输入。输入是算法实施前需要从外界取得的信息。有些算法需要有多个输入，而有些算法不需要输入，即零个输入。

（5）有一个或多个输出。输出就是算法实施后得到的结果。显然，没有输出的算法是没有意义的。

3.2.4.3 算法的描述

1. 自然语言描述

即用人类自然语言（如中文、英文）来描述算法，同时还可插入一些程序设计语言中的语句来描述，这种方法也称为非形式算法描述。

用自然语言描述算法，通俗易懂，但直观性很差，容易出现歧义。比如，对于以下这句话：如果 a 小于 b，把它赋给 min。在理解时就可能出现"是把 a 赋给 min 还是把 b 赋给 min"的二义性。因此，除了很简单的问题以外，一般不用自然语言描述算法。

2. 流程图描述

这是一种图形语言表示法，它用一些不同的图例来表示算法的流程，其常用符号如图 3-2 所示。

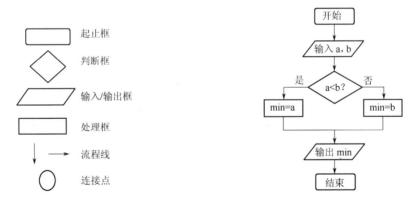

图 3-2 常用的流程图符号   图 3-3 "求两数中的较小数"流程图

用流程图描述算法，直观形象，易于理解。例如，求两个数中的较小数，其流程图如图 3-3 所示。

算法设计好后，必须通过计算机语言编写程序代码才能实现其功能，所以用计算机语言来实现算法是算法设计的最终目的。

3.2.4.4 程序的三种基本控制结构

程序的三种基本控制结构为顺序结构、选择结构和循环结构。研究表明，这三种基本结构可以组成所有的复杂程序。

1. 顺序结构

顺序结构是程序设计中最简单、最常用的基本结构。如图 3-4 所示，顺序结构中的各部分按书写顺序执行，即先执行 A 操作，再执行 B 操作。

2. 选择结构

选择结构也称为分支结构，如图 3-5 所示。图 3-5（a）的执行流程根据判断条件 P 的成立与否，选择其中的一路分支执行。图 3-5（b）所示的选择结构中，当条件 P 成立时，执行 A 操作，然后脱离选择结构；如果条件 P 不成立，则直接脱离选择结构。

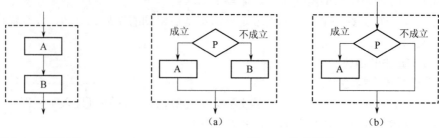

图 3-4　顺序结构　　　　　　　　　　　图 3-5　选择结构

3. 循环结构

循环结构又称重复结构，即重复执行某一部分的操作。循环结构有两种形式：当型循环和直到型循环。

（1）当型循环

如图 3-6（a）所示，它的执行流程是首先判断条件 P 是否成立，若成立，则执行 A 操作，然后再判断条件 P 是否成立，若成立，再执行 A 操作，如此反复进行，直至某次判断条件 P 不成立，则不再执行 A 操作而结束循环。

（2）直到型循环

如图 3-6（b）所示，它的执行流程是首先执行 A 操作，然后判断条件 P 是否成立，如果成立再执行 A 操作，再判断条件 P 是否成立，如果成立再执行 A 操作，如此反复直到条件 P 不成立而结束循环。

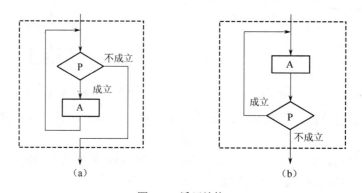

图 3-6　循环结构

注意：

（1）三种基本控制结构有一个共同的特点，即只有一个入口且只有一个出口。

（2）三种基本结构中的 A，B 操作是广义的，可以是一个操作，也可以是另一个基本结构或几种基本结构的组合。

3.2.5 顺序结构程序设计

在顺序结构程序中，各语句是按照位置的先后次序顺序执行的，且每个语句都会被执行到。顺序结构程序中的语句绝大部分由表达式语句和函数调用语句组成。例如，任务二就是由 printf( )和 scanf( )函数调用语句组成的顺序程序结构。

【例 3.3】编写程序，从键盘输入某学生的 3 门课成绩，计算并输出该学生的总分和平均分。

```c
#include <stdio.h>
main()
{
    int score1,score2,score3,sum;
    float average;
    printf("请输入三门课成绩（成绩之间用空格分隔）: ");
    scanf("%d%d%d",&score1,&score2,&score3);
    sum=score1+score2+score3;                    //计算总分
    average=sum/3.0;                             //计算平均分
    printf("该学生的总分是%d,平均分是%.2f\n",sum,average);
}
```

程序运行结果：

请输入三门课成绩(成绩之间用空格分隔)：<u>85 70 90</u>✓

该学生的总分是 245,平均分是 81.67

请思考：如果将程序中计算平均分的语句"average=sum/3.0;"改写为"average=sum/3;",结果会有什么不同？能否改写为"average=(float)sum/3;"？

【例 3.4】编写程序，从键盘输入一个小写字母，输出该字母及其对应的 ASCII 码值，然后将该字母转换成大写字母，并输出大写字母及其对应的 ASCII 码值。

```c
#include <stdio.h>
main()
{
    char  c1,c2;
    c1=getchar();
    printf("%c,%d\n",c1,c1);
    c2=c1-32;
    printf("%c,%d\n",c2,c2);
}
```

程序运行结果：

<u>a</u>✓
a,97
A,65

【例 3.5】编写程序，从键盘输入变量 x 和 y 的值，交换其值并输出结果。

```c
#include <stdio.h>
main()
{
    int x,y,temp;
```

```
    printf("请输入变量 x，y 的值（两数之间用逗号分隔）: ");
    scanf("%d,%d",&x,&y);
    temp=x;
    x=y;
    y=temp;
    printf("x=%d,y=%d\n",x,y);
}
```

程序运行结果：

请输入变量 x,y 的值(两数之间用逗号分隔): 3,6↙

x=6,y=3

3.3 本 章 小 结

本章结合简易计算器项目主菜单的顺序执行操作，主要介绍了 C 程序语句、标准输入/输出函数、算法和程序的三种基本结构等相关理论知识，并举例说明了顺序结构程序设计的思想和方法。其中标准输入/输出函数格式描述比较复杂，是本章的重点和难点，在学习过程中不必死记，应多用多练，加强对常用格式的理解。

本章主要内容有：

（1）C 程序语句分为五类，分别是控制语句、表达式语句、函数调用语句、空语句和复合语句。

（2）C 语言本身没有专门的输入/输出语句，其输入/输出操作是通过调用 C 语言的库函数来实现的。其中 scanf( )和 printf( )用于处理多种类型、多个数据的输入输出，而 getchar( )，getch( )和 putchar( )用于单个字符的输入和输出。在使用 getchar( )和 putchar( )函数时，必须在程序开头加上预处理命令"#include <stdio.h>"，而使用 getch( )函数时，需要在程序开头加上预处理命令"#include <conio.h>"。

（3）在利用计算机编程解决问题时，算法设计是十分关键的一步。算法是指解决一个问题而采取的方法和步骤。算法必须具备的五个特性是：有穷性、确定性、有效性、有零个或多个输入、有一个或多个输出。

（4）程序的三种基本控制结构为顺序结构、选择结构和循环结构。这三种基本结构可以组成所有的复杂程序。

（5）顺序结构是最简单的一种结构。在顺序结构程序中，各语句是按照位置的先后次序顺序执行的。顺序结构程序中的语句绝大部分由表达式语句和函数调用语句组成。

3.4 习 题

一、单项选择题

1. 使用 getchar( )和 putchar( )函数时，必须在程序开头加上预处理命令（   ）。

    A．#include <string.h>

    B．#include <stdio.h>

    C．#include <math.h>

D．#include <conio.h>

2．printf( )函数的格式说明符中，要输出字符串应使用下面哪一个格式字符（　　）。

　A．%d　　　　　　　B．%f　　　　　　　C．%s　　　　　　　D．%c

3．printf( )函数的格式说明符%7.2f 是指（　　）。

　A．输出列宽为 8 的浮点数，其中小数位为 2，整数位为 6

　B．输出列宽为 9 的浮点数，其中小数位为 2，整数位为 7

　C．输出列宽为 7 的浮点数，其中小数位为 2，整数位为 5

　D．输出列宽为 7 的浮点数，其中小数位为 2，整数位为 4

4．下列程序段的输出结果是（　　）。

```
#include <stdio.h>
main()
{
    int a;
    float b;
    a=4;
    b=9.5;
    printf("a=%d,b=%4.2f\n",a,b);
}
```

　A．a=%d,b=%f\n　　　　　　　　　B．a=%d,b=%f

　C．a=4,b=9.5　　　　　　　　　　D．a=4,b=9.50

5．如果要使 x 和 y 的值均为 2.35，语句"scanf("x=%f,y=%f",&x,&y);"正确的输入是（　　）。

　A．2.35, 2.35　　　　　　　　　　B．2.35　　2.35

　C．x=2.35, y=2.35　　　　　　　　D．x=2.35　　y=2.35

6．设有语句"scanf("%c%c%c",&c1,&c2,&c3);"，若 c1，c2，c3 的值分别为 a，b，c，则正确的输入方法是（　　）。

　A．a✓b✓c✓　　　　　　　　　　B．abc✓

　C．a,b,c✓　　　　　　　　　　　D．a□b□c✓（"□"为空格）

7．设 a=3，b=4，执行"printf("%d,%d\n",(a,b),(b,a));"输出的是（　　）。

　A．3,4　　　　B．4,3　　　　　C．3,3　　　　　D．4,4

8．putchar( )函数可以在屏幕上输出一个（　　）。

　A．整数　　　　B．实数　　　　　C．字符串　　　　　D．字符

9．printf( )函数中用到格式符%5s，其中数字 5 表示输出的字符串占用 5 列。如果字符串长度小于 5，则输出按方式（　　）。

　A．从左起输出该字符串，右补空格　　B．按原字符串长从左向右全部输出

　C．右对齐输出该字符串，左补空格　　D．输出错误信息

10．以下说法正确的是（　　）。

　A．输入项可以为一实型常量，如 scanf("%f",3.5);

　B．只有格式控制，没有输入项，也能进行正确输入，如 scanf("a=%d,b=%d");

　C．输入实型数据时，格式控制部分应规定小数点后的位数，如 scanf("%4.2f",&f);

　D．当输入数据时，必须指明变量的地址，如 scanf("%f",&f);

二、填空题

1. C 语言程序的语句分为_____、_____、_____、_____和_____。

2. 表达式和表达式语句的区别是_____。

3. 算法是指_____，算法的五个基本特性是_____、_____、_____、_____、_____。

4. 程序的三种基本控制结构为_____、_____、_____。

5. 下列程序的输出结果为_____。

```c
#include <stdio.h>
main()
{
    int a=1,b=2;
    a=a+b;
    b=a-b;
    a=a-b;
    printf("%d,%d\n",a,b);
}
```

6. 要得到下列输出结果：

a,b

A,B

97,98,65,66

请按要求填空，补充以下程序：

```c
#include <stdio.h>
main()
{
    char c1,c2;
    c1='a';
    c2='b';
    printf("_____",c1,c2);
    printf("%c,%c\n",_____);
    _____;
}
```

三、编程题

1. 输入三角形的三边长，求三角形的面积。已知三角形的面积公式为：

area=$\sqrt{s(s-a)(s-b)(s-c)}$ ，其中 a，b，c 分别为三角形三边，s=$\frac{1}{2}$(a+b+c)。（程序开头加上预编译命令：#include <math.h>）

2. 输入一个 3 位正整数，正确分离出其个位、十位、百位数字，并将结果输出在屏幕上。

第4章　项目主菜单的选择执行设计

用顺序结构只能解决一些简单的问题，进行一些简单的计算。在实际生活中，往往要根据不同的情况做出不同的选择，即给出一个条件，让计算机判断是否满足条件，并按照不同的情况进行处理。这种程序结构称为选择结构。C 语言中有两种选择结构语句：if 语句和 switch 语句。本章将结合简易计算器项目主菜单的选择执行设计，详细介绍如何在 C 程序中实现选择结构。

学习目标：
- 理解选择结构程序设计的基本思想和设计方法；
- 理解各种选择语句的定义格式和执行过程；
- 掌握用 if 语句实现分支结构的方法；
- 掌握用 switch 语句实现多分支结构的方法。

4.1　任务三　项目主菜单的选择执行设计

1. 任务描述

分别用 if 语句和 switch 语句实现项目主菜单的选择执行。要求能根据用户输入的主菜单选项进行相应的运算，并输出运算结果。

2. 任务涉及知识要点

该任务涉及到的新知识点主要有：if 语句和 switch 语句。

3. 任务分析

简易计算器项目主菜单含有加、减、乘、除和退出五个菜单项，属于多分支选择结构。C 语言有两种方法实现多分支结构，一种是用 if-else 语句实现；另一种是用 switch 语句实现。该任务分别用两种语句实现主菜单的选择执行。

4. 任务实现

需要说明的是，为了突出两种语句的区别，压缩源程序的篇幅，将主菜单的显示部分用程序段 A 表示，两个运算数的输入部分用程序段 B 表示。

程序段 A：

```
system("cls");                    //调用清屏函数。若在 TC 下运行，改用 clrscr()
printf("\n\n");
printf("\t\t|------------------------------ |\n");
printf("\t\t|            简易计算器          |\n");
printf("\t\t|------------------------------ |\n");
printf("\t\t|            1---加法            |\n");
```

```
    printf("\t\t|              2---减法                  |\n");
    printf("\t\t|              3---乘法                  |\n");
    printf("\t\t|              4---除法                  |\n");
    printf("\t\t|              0---退出                  |\n");
    printf("\t\t|-------------------------------- |\n");
    printf("\t\t  请选择运算类型(0～4):");
    scanf("%d",&choose);
```

程序段 B:

```
if(choose>=1 && choose<=4)
{
    printf("\n\t\t  请输入第一个运算数：");
    scanf("%f",&data1);
    printf("\n\t\t  请输入第二个运算数：");
    scanf("%f",&data2);
    printf("\n\t\t  运算结果为：\n");
}
```

（1）用 if 语句实现项目主菜单的选择执行

```
#include <stdio.h>
#include <stdlib.h>                //使用 system("cls")函数时需加此行
main()
{
    float data1,data2;            //存放参与运算的两个操作数
    int choose;                   //存放用户输入的菜单选项
```

程序段 A

程序段 B

```
    if(choose==1)
        printf("\n\t\t  %f + %f = %f \n",data1,data2,data1+data2);
    else if(choose==2)
        printf("\n\t\t  %f - %f = %f \n",data1,data2,data1-data2);
    else if(choose==3)
        printf("\n\t\t  %f * %f = %f \n",data1,data2,data1*data2);
    else if(choose==4)
    {
        if(data2==0)
            printf("\n\t\t   除数不能为零！");
        else
            printf("\n\t\t  %f ÷ %f = %f \n",data1,data2,data1/data2);
    }
    else if(choose==0)
        exit(0);
    else
        printf("\n\t\t  输入选项错误！\n");
}
```

（2）用 switch 语句实现项目主菜单的选择执行

```
#include <stdio.h>
#include <stdlib.h>                //使用 system("cls")函数时需加此行
main()
{
    float data1,data2;            //存放参与运算的两个操作数
```

```
int choose;                    //存放用户输入的菜单选项
程序段 A
程序段 B
switch(choose)
{
    case 1:printf("\n\t\t%f+%f=%f\n",data1,data2,data1+data2);break;
    case 2:printf("\n\t\t%f-%f=%f\n",data1,data2,data1-data2);break;
    case 3:printf("\n\t\t%f*%f=%f\n",data1,data2,data1*data2);break;
    case 4:
        if(data2==0)
            printf("\n\t\t   除数不能为零! ");
        else
            printf("\n\t\t%f÷%f=%f\n",data1,data2,data1/data2);break;
    case 0:exit(0);
    default:printf("\n\t\t   输入选项错误! \n");
    }
}
```

程序说明：

（1）程序中 exit(0)的功能是结束程序的执行。exit( )函数包含在"stdlib.h"头文件中。

（2）因为加、减、乘、除每一种运算都要输入两个运算数，为了减少程序代码的重复，在 if-else 和 switch 语句之前增加一个单分支 if 语句，即程序段 B，对这四种运算的运算数输入进行统一处理。

（3）当运算类型为除法时，应当判断输入的除数（即 data2）是否为 0。如果除数为 0，则给出错误信息，并结束本次运算。

（4）程序中用来存放用户输入菜单选项的变量 choose 也可以定义为 char 型。请读者思考：如果将 choose 定义为 char 型，应如何修改程序？

（5）该任务只能实现一次主菜单的选择执行，主菜单的重复执行将在第 5 章任务四中详细介绍。

（6）程序中的程序段 A 和程序段 B 在输入源程序时要用相应的代码替换。程序段 A 和程序段 B 也可以写成函数的形式。有关函数的具体内容将在第 6 章详细介绍。

5. 要点总结

一个程序虽然经过多次修改、编译、连接和运行，但还不能断定该程序就是正确的，因为程序中可能存在逻辑错误，这些错误往往很难用眼睛检查出来，因此需要进行测试与调试。在进行程序的测试与调试时，应注意精选数据，既具有代表性，又能涵盖可能出现的各种情况。如该程序运行时，菜单的选项可分别输入 1，2，3，4，0 和 0~4 以外的数据来测试程序是否能达到预期效果，以保证程序的正确性，提高调试效率。

4.2　理　论　知　识

4.2.1　if 语句

if 语句根据给定的条件进行判断，以决定执行某个分支程序段。if 语句有三种使用形式。

1. 单分支 if 语句

单分支 if 语句的一般形式如下:

if（表达式）语句

功能：先计算表达式的值，如果表达式的值为真，则执行其后的语句，否则不执行该语句。其执行过程见图 4-1。

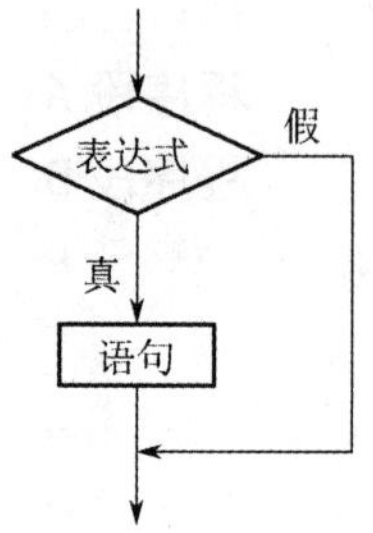

图 4-1　单分支 if 语句的执行过程

说明：

（1）表达式通常是逻辑表达式或关系表达式，但也可以是其他表达式或任意的数值类型（包括整型、实型、字符型等）。因为在执行 if 语句时先对表达式求解，若表达式的值为 0，则按"假"处理，若表达式的值为非 0，则按"真"处理。如下面的 if 语句均为合法的语句：

```
if(3) printf("O.K.");
if('a') printf("%d",'a');
```

（2）表达式后面的语句可以是一个单语句，也可以是用花括号"{ }"括起来的复合语句。花括号"}"外面不需要再加分号，但括号内最后一个语句后面的分号不能省略。

例如，任务三中判断用户输入的运算类型是否合法的程序段：

```
…
if(choose>=1 && choose<=4)
{
    printf("\n\t\t 请输入第一个运算数：");
    scanf("%f",&data1);
    printf("\n\t\t 请输入第二个运算数：");
    scanf("%f",&data2);
    printf("\n\t\t 运算结果为：\n");
}
…
```

【例 4.1】 输入三个整数 x，y，z，按从小到大的顺序排序输出。

```
#include <stdio.h>
main()
{
    int x,y,z,temp;
    printf("请输入三个整数: ");
    scanf("%d,%d,%d",&x,&y,&z);
    if(x>y)
    {temp=x;x=y;y=temp;}          //交换 x,y 的值
    if(x>z)
    {temp=x;x=z;z=temp;}          //交换 x,z 的值
    if(y>z)
    {temp=y;y=z;z=temp;}          //交换 y,z 的值
    printf("三个整数从小到大排序结果为:%d,%d,%d\n", x,y,z);
}
```

程序运行结果：

请输入三个整数：3,2,5↙

三个整数从小到大排序结果为：2,3,5

2. 双分支 if 语句

双分支 if 语句的一般形式如下：

if（**表达式**）

　　语句 1

else

　　语句 2

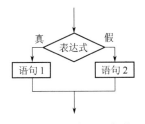

功能：先执行表达式的值，如果表达式的值为真，则执行语句 1，否则执行语句 2。其执行过程见图 4-2。

图 4-2　双分支 if 语句的执行过程

例如，任务三中判断除数是否为 0 的程序段：

```
…
if(data2==0)
    printf("\n\t\t   除数不能为零!");
else
    printf("\n\t\t  %f÷%f=%f\n",data1,data2,data1/data2);
…
```

说明：

（1）双分支 if 语句中的 else 子句不能作为语句单独使用，必须与 if 配对使用。

（2）if 语句允许嵌套。所谓 if 语句嵌套，是指在"语句 1"和"语句 2"中，又包含有 if 语句的情况。C 语言规定，在嵌套的 if 语句中，else 总是与其上面最近的且尚未匹配的 if 配对。为明确匹配关系，避免匹配错误，建议最好将内嵌的 if 语句一律用花括号"{ }"括起来。如：

```
if(…)
{
    if(…)语句 1;
}
else
    语句 2;
```

【例 4.2】输入三个整数，输出其中的最大数。

```
#include <stdio.h>
main()
{
    int a,b,c,max;
    printf("请输入三个整数: " );
    scanf("%d,%d,%d",&a,&b,&c);
    if(a>b)
        max=a;
    else
        max=b;
    if(max<c)
        max=c;
    printf("最大数是%d\n",max);
}
```

程序运行结果：

请输入三个整数：<u>5,8,2</u>✓

最大数是 8

[例 4.2]也可用两个单分支的 if 语句实现，程序如下:

```c
#include <stdio.h>
main()
{
    int a,b,c,max;
    printf("请输入三个整数：" );
    scanf("%d,%d,%d",&a,&b,&c);
    max=a;
    if(max<b)   max=b;
    if(max<c)   max=c;
    printf("最大数是%d\n",max);
}
```

程序运行结果与[例 4.2]相同。

这种方法的基本思想是：首先取一个数假定为 max(最大值)，然后将 max 依次与其余的数逐个比较，如果发现有比 max 大的数，就用它给 max 重新赋值，比较完所有的数后，max 中的数就是最大值。这种方法常常用来求多个数中的最大值（或最小值）。

3. 多分支 if 语句

多分支 if 语句的一般形式如下：

if（表达式 1）语句 1
else if(表达式 2)   语句 2
else if(表达式 3)   语句 3
  …
else if(表达式 n)   语句 n
else 语句 n+1

功能：依次判断表达式的值，当出现某个值为真时，则执行其对应的语句，其余语句不被执行。如果所有的表达式均为假，则执行语句 n+1。其执行过程如图 4-3 所示。

【例 4.3】 编写程序，根据输入的学生成绩，给出相应的等级。90 分以上的等级为优秀，60 分以下的等级为不及格，其余每 10 分一个等级。

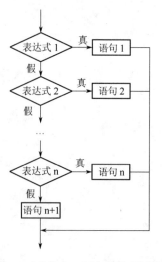

图 4-3 多分支 if 语句的执行过程

```c
#include <stdio.h>
main()
{
    int score;
    printf("请输入学生成绩（0-100):");
    scanf("%d",&score);
    if(score>=90)
        printf("优秀! \n");
    else if(score>=80)
        printf("良好! \n");
    else if(score>=70)
        printf("中等! \n");
    else if(score>=60)
        printf("及格! \n");
    else
        printf("不及格! \n");
}
```

程序运行结果：

请输入学生成绩（0-100）:86✓

良好！

4.2.2　switch 语句

使用 if 语句实现复杂问题的多分支选择时，程序的结构显得不够清晰，因此，C 语言提供了一种专门用来实现多分支选择结构的 switch 语句，又称开关语句。

switch 语句的一般形式如下：

```
switch(表达式)
{
    case  常量表达式 1：语句 1；break；
    case  常量表达式 2：语句 2；break；
    …
    case  常量表达式 n：语句 n；break；
    [default：语句 n+1；]
}
```

功能：首先计算 switch 后表达式的值，然后将该值与各常量表达式的值相比较。当表达式的值与某个常量表达式的值相等时，即执行其后的语句，当执行到 break 语句时，则跳出 switch 语句，转向执行 switch 语句下面的语句（即右花括号下面的第一条语句）。如果表达式的值与所有 case 后的常量表达式的值均不相同，则执行 default 后面的语句。若没有 default 语句，则退出此开关语句。

说明：

（1）switch 后面的表达式可以是整型、字符型和枚举型中的一种。

（2）常量表达式后的语句可以是一个语句，也可以是复合语句或另一个 switch 语句。

（3）各 case 及 default 子句的先后次序不影响程序执行结果，但 default 通常作为开关语句的最后一个分支。

（4）每个 case 后面常量表达式的值必须各不相同，否则会出现相互矛盾的现象。

（5）switch 语句中允许出现空的 case 语句，即多个 case 共用一组执行语句。

（6）break 语句在 switch 语句中是可选的，它是用来跳过后面的 case 语句，结束 switch 语句，从而起到真正的分支作用。如果省略 break 语句，则程序在执行完相应的 case 语句后不能退出，而是继续执行下一个 case 语句，直到遇到 break 语句或 switch 结束。

使用 switch 语句还需要注意以下几点：

（1）常量表达式与 case 之间至少应有一个空格，否则可能被编译系统认为是语句标号，如 case1，并不出现语法错误，这类错误较难查找。

（2）每个 case 只能列举一个整型或字符型常量，否则会出现语法错误，如下列程序段所示。

```
float x=1.5;
int a=3,b=4,c;
switch(x)              //错：x 为实型数据。可改为：switch((int)x)
{
    case 4.5:          //错：4.5 非整型常量。可改为：case (int)4.5:
```

```
            c=1;break;
    case a+b:              //错：a+b 不是常量表达式。可改为：case 3+4:
            c=2;break;
    case 1,2,3:            //错：不允许。可改为：case 1:case 2:case 3:
            c=3;
}
```

（3）switch 语句结构清晰，便于理解，用 switch 语句实现的多分支结构程序完全可以用 if 语句来实现，但反之不然。原因是 switch 语句中的表达式只能取整型、字符型和枚举型值，而 if 语句中的表达式可取任意类型的值。

【例 4.4】 用 switch 语句实现[例 4.3]

```
#include <stdio.h>
main()
{
    int score;
    printf("请输入学生成绩（0-100）:");
    scanf("%d",&score);
    switch(score/10)
    {
        case 10:
        case 9:printf("优秀! \n");break;
        case 8:printf("良好! \n");break;
        case 7:printf("中等! \n");break;
        case 6:printf("及格! \n");break;
        default:printf("不及格! \n");
    }
}
```

程序运行结果：

请输入学生成绩(0-100):78✓

中等！

在使用 switch 语句编写该程序时，特别需要注意 case 后面必须为常量表达式，不能是某一个分数段，即不能写成 case score>=90 && score<=100 的形式，所以在 switch 后面的表达式中使用 score 整除 10，将百分制分数 score 转换成了 0~10 之间的整数，大大减少了分支，使 switch 语句变得更加简洁。

请读者思考：如果将[例 4.4]程序中所有的 break 语句去掉，并输入成绩 78，会得到什么样的运行结果？

4.3 本 章 小 结

本章结合简易计算器项目主菜单的选择执行设计，主要介绍了选择结构程序设计中的 if 语句和 switch 语句。

（1）if 语句包括单分支、双分支和多分支三种形式，在使用 if 语句时应注意：如果 if 语句的 if 子句或 else 子句是多个语句时，要用花括号 "｛ ｝" 括起来构成复合语句，花括号 "｝" 外面不需要再加分号，但括号内最后一个语句后面的分号不能省略。

（2）switch 语句主要用于实现多分支选择，其中的 break 语句是可选项，它是用来跳过后面的 case 语句，结束 switch 语句，从而起到真正的分支作用。如果省略 break 语句，则程序在执行完相应的 case 语句后不能退出，而是继续执行下一个 case 语句，直到遇到 break 语句或 switch 结束。所以初学者特别需要注意，在使用 switch 编写多分支程序时，有无 break 语句会得到两种截然不同的结果。

4.4　习　　题

一、单项选择题

1. 已知 int x=10,y=20,z=30;以下语句执行后 x，y，z 的值是（　　）。

```
if(x>y) x=y;y=z;z=x;
printf("x=%d,y=%d,z=%d\n",x,y,z);
```

　　A．x=10,y=20,z=30　　　　　　　　B．x=20,y=30,z=30

　　C．x=10,y=30,z=10　　　　　　　　D．x=20,y=30,z=20

2. 下列程序的输出结果是（　　）。

```
main()
{
    int x=3,y=0,z=0;
    if(x=y+z)printf("****");
    else printf("####");
}
```

　　A．有语法错误不能通过编译　　　　B．****

　　C．****####　　　　　　　　　　　D．####

3. C 语言的 if 语句嵌套时，if 与 else 的匹配关系是（　　）。

　　A．每个 else 总是与它上面最近的且尚未与其他 else 匹配的 if 匹配

　　B．每个 else 总是与最外层的 if 匹配

　　C．每个 else 与 if 的匹配是任意的

　　D．每个 else 总是与它上面的 if 匹配

4. 在 C 语言的 if 语句中，用作判断的表达式为（　　）。

　　A．关系表达式　　　　　　　　　　B．逻辑表达式

　　C．算术表达式　　　　　　　　　　D．任意表达式

5. 若执行以下程序时，从键盘输入 11，则输出结果为（　　）。

```
#include <stdio.h>
main()
{
    int n;
    scanf("%d",&n);
    if(n++<10) printf("%d\n",n);
    else printf("%d\n",n--);
}
```

　　A．11　　　　　　　B．12　　　　　　　C．10　　　　　　　D．13

6. 执行下列程序后，变量 i 的正确结果是（　　）。

```
int i=10;
switch(i)
```

```
    {
        case 9:i+=1;
        case 10:i+=1;
        case 11:i+=1;
        case 12:i+=1;
    }
```
　　A. 10　　　　　　　　B. 11　　　　　　　C. 12　　　　　　　D. 13

二、填空题

1. 下列程序的输出结果是_____。
```
#include <stdio.h>
main()
{
    int x=5;
    if(x>5)
        printf("%d",x>5);
    else if(x==5)
        printf("%d",x==5);
    else
        printf("%d",x,5);
}
```

2. 下列程序的输出结果为_____。
```
#include <stdio.h>
main()
{
    int x=1,y=0,a=0,b=0;
    switch(x)
    {
        case 1:
        switch(y)
        {
            case 0:a++;break;
            case 1:b++;break;
        }
        case 2:a++;b++;break;
    }
    printf("a=%d,b=%d\n",a,b);
}
```

3. 下列程序判断输入的正整数是否既是 5 的倍数又是 7 的倍数。若是，则输出 yes，否则输出 no，请在程序中填空。
```
#include <stdio.h>
main()
{
    int x;
    printf("请输入一个正整数：");
    scanf("%d",&x);
    if(_____&&_____)
        printf("yes\n");
    else

        _____

}
```

三、编程题

1. 输入 4 个整数，要求按从小到大的顺序输出。

2. 输入一个整数，判断它的奇偶性，并输出相应的信息。

3. 有一函数：

$$y = \begin{cases} x & (x<1) \\ 2x-1 & (1 \leqslant x < 10) \\ 3x-11 & (x \geqslant 10) \end{cases}$$

要求用 scanf( ) 函数输入 x 的值，输出 y 值。

4. 编写程序，从键盘输入一个整数（1～7），如果是 1～5 中的数，显示相应的星期数（如输入的是 2，显示"今天是星期二"）；如果是 6 或 7，显示"今天是休息日"；对于 1～7 以外的数字，显示"非法数据"。

第 5 章　项目主菜单的循环执行设计

循环结构可以实现重复性、规律性的操作，是程序设计中一种非常重要的结构，它和顺序结构、选择结构共同作为各种复杂程序的基本构造单元。在许多问题中都需要用到循环控制。例如，输入全校学生成绩、求若干个数之和、求迭代根等。循环结构的特点是，在给定条件成立时，反复执行某程序段，直到条件不成立为止。给定的条件称为循环条件，反复执行的程序段称为循环体。C 语言主要提供了 while，do-while 和 for 三种循环语句。本章将结合简易计算器项目主菜单的循环执行设计，详细介绍三种循环语句及转移语句的用法。

学习目标：
- 理解循环结构程序设计的基本思想；
- 理解 while，do-while 和 for 语句的定义格式和执行过程；
- 掌握用 while，do-while 和 for 语句实现循环结构的方法；
- 理解嵌套循环的定义原则和执行过程；
- 掌握用 while，do-while 和 for 语句实现两重循环的方法；
- 掌握 break 和 continue 转移语句的使用方法和区别。

5.1　任务四　项目主菜单的循环执行设计

1. 任务描述
利用分支结构和循环结构，实现项目主菜单的循环执行。要求能重复显示主菜单，并按用户输入的主菜单选项进行相应的运算。

2. 任务涉及知识要点
该任务涉及到的新知识点主要有：while，do-while 和 for 三种循环语句。

3. 任务分析
要实现项目主菜单的重复显示，需要用到循环结构。在 C 语言中，可用以下语句实现循环结构：

（1）for 语句；

（2）do-while 语句；

（3）while 语句；

（4）goto 语句和 if 语句。

因为使用 goto 语句和 if 语句编写的程序可读性差，所以，一般情况下，不提倡使用 goto 语句。该任务只给出用 while，do-while 和 for 语句实现循环的程序结构。

4. 任务实现

为了减少程序代码的重复，在 4.1 节任务三中程序段 A 和程序段 B 的基础上，增加程序段 C，即将四种运算的实现（switch 语句）用程序段 C 表示。程序段 A 和程序段 B 的程序代码已在 4.1 节任务三中给出，在此不再重复。

另外，在程序中需要说明的代码部分设置了灰色，以突出显示，但在输入源程序时不能这样设置。

程序段 C：

```
switch(choose)
{
        case 1:printf("\n\t\t%f+%f=%f\n",data1,data2,data1+data2);break;
        case 2:printf("\n\t\t%f-%f=%f\n",data1,data2,data1-data2);break;
        case 3:printf("\n\t\t%f*%f=%f\n",data1,data2,data1*data2);break;
        case 4:
            if(data2==0)
                printf("\n\t\t   除数不能为零！");
            else
                printf("\n\t\t%f÷%f=%f\n",data1,data2,data1/data2);break;
        case 0:exit(0);
        default:printf("\n\t\t   输入选项错误！\n");
    }
}
```

（1）用 while 语句实现项目主菜单的循环执行

```
#include <stdio.h>
#include <conio.h>
#include <stdlib.h>                 //system()函数的头文件
main()
{
    float data1,data2;              //存放参与运算的两个操作数
    int choose;                     //存放用户输入的菜单选项
     char yes_no;                   //存放是否继续的应答
    yes_no='y';
    while(yes_no=='y'||yes_no=='Y')
    {
        程序段 A
        程序段 B
        程序段 C
        printf("\n\t\t是否继续计算（输入'Y'或'y'继续，其他字符退出）?");
        scanf("\n%c",&yes_no);
    }
}
```

（2）用 do-while 语句实现项目主菜单的循环执行

```
#include <stdio.h>
#include <conio.h>
#include <stdlib.h>                 //system()函数的头文件
main()
{
    float data1,data2;              //存放参与运算的两个操作数
```

```
    int choose;                  //存放用户输入的菜单选项
    char yes_no;                 //存放是否继续的应答
    yes_no='y';
    do
    {
        程序段 A
        程序段 B
        程序段 C
        printf("\n\t\t 是否继续计算（输入'Y'或'y'继续，其他字符退出）？");
        scanf("\n%c",&yes_no);
    } while(yes_no=='y'||yes_no=='Y');
}
```

（3）用 for 语句实现项目主菜单的循环执行

```
#include <stdio.h>
#include <conio.h>
#include <stdlib.h>              //system()函数的头文件
main()
{
    float data1,data2;           //存放参与运算的两个操作数
    int choose;                  //存放用户输入的菜单选项
    char yes_no;                 //存放是否继续的应答
    yes_no='y';
    for(;yes_no=='y'||yes_no=='Y';)
    {
        程序段 A
        程序段 B
        程序段 C
        printf("\n\t\t 是否继续计算（输入'Y'或'y'继续，其他字符退出）？");
        scanf("\n%c",&yes_no);
    }
}
```

程序说明：

（1）在编写循环结构程序时，循环条件要全面考虑。例如，该任务中，用户在输入是否继续的应答时，可能输入大写字母'Y'，也可能输入小写字母'y'。因此，在循环条件表达式中（程序中灰色部分的代码），这两种情况都需要考虑，否则就无法有效控制循环。

另外，循环条件表达式 yes_no=='y'||yes_no=='Y'也可以写成 toupper(yes_no)=='Y'的形式，即将 yes_no 使用 toupper( )函数转换成大写字母统一判断。需要注意的是，toupper( )函数是 C 语言的库函数，使用时必须在文件的开头加上"#include <string.h>"头文件。

（2）语句"scanf("\n%c",&yes_no);"中'\n'的作用是为了把上次输入时所敲的回车键消去。

5. 要点总结

在实际编程时，应根据需要正确选用循环语句。一般情况下，当需要处理能够确定循环次数的循环问题时，选用 for 语句；当需要处理虽能确定循环结束条件但不能确定循环次数的问题时，选用 while 或 do-while 语句。while 和 do-while 语句相似，而 do-while 循环

的特点是，不管条件满足与否，先执行一次循环体，然后再进行判断。例如，该任务中需要先显示一次主菜单，所以此时适宜用 do-while 循环。

5.2　理　论　知　识

在日常生活中，经常会遇到重复处理的问题。例如计算 1~100 的累加和。根据目前所学的知识，将写出一个很长的表达式，但这太繁琐，也不现实。用计算机解决此问题时的算法如下：

首先设置一个用于存放和值的变量 sum，初值为 0，再设一个存放加数的变量 i，初值为 1，然后反复执行"sum=sum+i;"和"i=i+1;"这两条语句，当 i 增加到 101 时，停止执行，这时 sum 中的值就是 1~100 的累加和。这种能重复执行的结构称为循环结构。C 语言主要提供了 while，do-while 和 for 三种语句实现循环结构。

5.2.1　while 语句

1. while 语句的语法格式

while 语句用来实现当型循环结构。其一般形式为：

while(表达式)

　　循环体语句

其中，"表达式"是循环条件，可以为任何类型，常用的是关系表达式或逻辑表达式。"循环体语句"为重复执行的程序段，可以是单个语句，也可以是复合语句，如果是复合语句，要用花括号"{}"括起来。

2. while 语句的执行过程

while 语句的执行过程是：

（1）先判断表达式的值为真（非 0）或为假（0）；

（2）如果表达式的值为真，执行循环体语句，再重复步骤（1）；如果表达式的值为假，循环结束，执行 while 语句后面的程序。

其流程图见图 5-1。

3. while 语句应用举例

【例 5.1】用 while 语句计算 1+2+…+100 的结果。

```c
#include <stdio.h>
main()
{
    int i,sum=0;
    i=1;
    while(i<=100)
    {
        sum=sum+i;          //实现累加
        i++;                //循环控制变量 i 增 1
    }
    printf("sum=%d\n",sum);
}
```

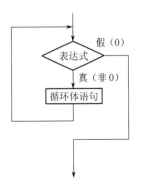

图 5-1　while 循环语句的流程图

程序运行结果：

sum=5050

说明：

（1）该例中的循环体由语句"sum=sum+i;"和"i++;"复合而成。如果没有花括号，则循环体只包括语句"sum=sum+i;"。

（2）在循环体中应该有使循环趋于结束的语句，否则会出现死循环。例如，该例中循环结束的条件是"i>100"，因此在循环体中应有使 i 值改变并最终导致"i>100"成立的语句，该程序中使用语句"i++;"来达到此目的。语句"i++;"也可写成"++i;"的形式。i 又称循环变量，通常用来控制循环的开始和结束。

5.2.2 do-while 语句

1. do-while 语句的语法格式

do-while 语句用于实现"直到型"循环结构。其一般形式为：

```
do
    循环体语句
while(表达式);
```

其中，"do"是 C 语言的关键字，必须和"while"联合使用。do-while 循环由 do 开始，用 while 结束。注意，在 while 的表达式后面必须有分号，它表示该语句的结束。其他同 while 语句。

2. do-while 语句的执行过程

do-while 语句的执行过程是：

（1）先执行循环体语句，然后判断表达式的值。

（2）如果表达式的值为假，循环结束；如果表达式的值为真，重复执行步骤(1)。

其流程图见图 5-2。

3. do-while 语句应用举例

【例 5.2】用 do-while 语句计算 1+2+…+100 的结果。

```
#include <stdio.h>
main()
{
    int i,sum=0;
    i=1;
    do
    {
        sum=sum+i;        //实现累加
        i++;              //循环控制变量 i 增 1
    }while(i<=100);
    printf("sum=%d\n",sum);
}
```

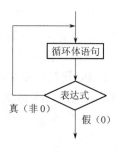

图 5-2 do-while 循环
语句的流程图

程序运行结果：

sum=5050

说明：

（1）while 语句中的表达式后面不能加分号，而 do-while 语句的表达式后面必须加分号。

（2）无论是 while 语句，还是 do-while 语句，在循环开始前，一定要对循环控制变量赋初值，如"i=1;"。在循环体中，都需要有使循环趋于结束的语句，如"i++;"。

（3）do-while 语句和 while 语句一般可以相互替换，但两者的区别在于：do-while 是先执行后判断，因此 do-while 至少要执行一次循环体。而 while 是先判断后执行，如果条件不满足，则一次循环体语句也不执行。正因为存在这一区别，因此在处理同一问题时，会造成不同的运行结果。例如，下面两个程序段中，s 的结果是不同的。

程序段 1：

```
s=0;i=1;
while(i<1)
{
    i++;
    s=s+i;
}
printf("s=%d\n",s);
```

程序段 2：

```
s=0;i=1;
do
{
    s=s+i;
    i++;
}while(i<1);
printf("s=%d\n",s);
```

程序段 1 中 s 的结果为 0，而程序段 2 中 s 的结果为 1。

5.2.3 for 语句

1. for 语句的语法格式

for 语句是 C 语言所提供的功能更强、使用更广泛的一种循环语句，其一般形式为：

for（表达式 1；表达式 2；表达式 3）

　　循环体语句

其中，"表达式 1"通常用来给循环变量赋初值，一般是赋值表达式。当然也允许在 for 语句之前给循环变量赋初值，此时可以省略该表达式。

"表达式 2"通常是循环条件，一般为关系表达式或逻辑表达式。

"表达式 3"可用来修改循环变量的值，一般是赋值语句。

三个表达式都可以是逗号表达式，即每个表达式都可以由多个表达式组成。

三个表达式都是可选项，均可以省略，但其间的分号不能省略。

2. for 语句的执行过程

for 语句的执行过程是：

（1）首先计算表达式 1 的值。

（2）再计算表达式 2 的值，若值为真（非 0），则执行循环体语句，然后执行第 3 步；若值为假（0），则结束循环，执行 for 语句之后的语句。

（3）然后再计算表达式 3 的值，返回第 2 步重复执行。

在整个 for 循环过程中，表达式 1 只计算一次，表达式 2 和表达式 3 则可能计算多次。循环体可能执行多次，也可能一次都不执行。

其流程图见图 5-3。

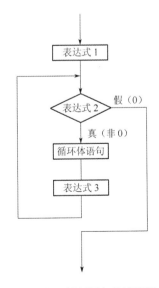

图 5-3　for 循环语句的流程图

3. for 语句应用举例

【例 5.3】 用 for 语句计算 1+2+…+100 的结果。

```c
#include <stdio.h>
main()
{
    int i,sum;
    sum=0;
    for(i=1;i<=100;i++)
        sum=sum+i;              //实现累加
    printf("sum=%d\n",sum);
}
```

程序运行结果：

```
sum=5050
```

说明：

（1）for 语句不仅可以用于循环次数已经确定的情况，也可以用于循环次数不确定而只给出循环结束条件的情况。其执行顺序与 while 语句相同，都是先对循环条件进行判断，后执行循环体中的语句，属于当型循环。

（2）for 循环语句允许有多种变化格式，以增强其功能和灵活性。如[例 5.3]中灰色部分的程序段也可以写成以下几种形式：

形式一：

```c
for(sum=0,i=1;i<=100;i++)
    sum=sum+i;
```

即把"sum=0;"放在表达式 1 中，组成一个逗号表达式。这种形式的 for 语句通常用在循环变量为多个的情况。如：

```c
for(i=0,j=100;i<=j;i++,j--)
    k=i+j;
```

形式二：

```c
sum=0;
i=1;
for(;i<=100;i++)
    sum=sum+i;
```

这种形式的 for 语句中，省去了表达式 1，但并不是真的省略，而是把表达式 1 提在了 for 语句之前。

形式三：

```c
sum=0;
i=1;
for(;i<=100;)
{
    sum=sum+i;
    i++;
}
```

这种形式的 for 语句中，省去了表达式 3，但也不是真的省略，而是把表达式 3 放在了 for 语句的循环体中。

如果在 for 语句中省略表达式 2，则不判断循环条件，构成死循环，死循环一般是没有意义的，应当尽量避免。如：

```
sum=0;
for(i=1; ;i++ )
        sum=sum+i;
```

从上面的讨论可以看到，for 语句的书写形式灵活多样，如果合理使用，既可简化循环程序的书写，又可提高程序的可读性。但是，如果过分利用这一特点，则会使 for 语句显得杂乱，建议尽量使用 for 语句的常规格式，不要把与循环控制无关的内容放到 for 语句中。

5.3　知　识　扩　展

5.3.1　循环的嵌套

如果一个循环体内又包含另一个完整的循环结构，则称为循环的嵌套。内嵌的循环体内还可以嵌套循环，形成多重循环。循环嵌套的层次是根据实际需要确定的。

while，do-while 和 for 三种循环语句都可以进行相互嵌套，但要注意，一个循环结构必须完整地包含在另一个循环结构中，两个循环不能交叉。下面给出了两重循环的部分嵌套形式。

```
(1) while()          (2) while()          (3) while()
    {…                   {…                   {…
       do                   while()              for（; ;)
         {…}                  {…}                  {…}
       while();             …                    …
    …                    }                    }
    }
(4) do               (5) for（; ;)          (6) for（; ;)
    {…                   {…                   {…
       do                   while()              for（; ;)
         {…}                  {…}                  {…}
       while();             …                    …
    …                    }                    }
    }while();
```

【例 5.4】假设有 5 个班，每班有 20 名学生，编写一个程序，分别输入每班 20 个学生的数学考试成绩，并求出各班的数学平均分。

```
#include <stdio.h>
main()
{
    int m,n;
    float ave=0.0,sum,score;
    for(m=1;m<=5;m++)              //循环计算 5 个班的数学平均分
    {
        sum=0.0;
        printf("请输入第%d 个班的 20 个学生的数学成绩：",m);
        for(n=1;n<=20;n++)          //循环输入 20 个学生的数学成绩
        {
            scanf("%f",&score);
```

```
    sum=sum+score;          //计算每班的数学总分
    }
    ave=sum/20;                 //计算每班的数学平均分
    printf("第%d个班的平均分为%f\n",m,ave);
    }
}
```

【例5.5】编程打印下列图形。

```
        *
       ***
      *****
     *******
```

分析：打印这个三角形需要用两重循环来实现，其中外层循环决定要打印的行数，内层循环决定每一行要打印的空格数和星数，要注意的是每一行星打印完后要输出一个回车符。内层循环的循环条件是一个不确定的值，它与外层循环变量有关。其关系是：每行要打印的空格数等于"4-行号"，每行要打印的星数等于"2*行号-1"。

程序如下：

```
#include <stdio.h>
main()
{
    int i,j,k;                      //变量i,j,k分别表示行数、空格数和星数
    for(i=1;i<=4;i++)
    {
        for(k=1;k<=4-i;k++)
            printf(" ");            //每行打印4-i个空格
        for(j=1;j<=2*i-1;j++)
            printf("*");            //每行打印2*i-1个星号
        printf("\n");
    }
}
```

设计多重循环结构时，不允许内外层循环使用相同的循环变量。为了提高程序的可读性，最好每层循环的语句都按一定的缩进格式书写。

5.3.2 转移语句

程序中的语句通常是按顺序方向或按语句功能所定义的方向执行的。在实际应用中，有时需要改变程序的正常流向，比如在 switch 语句中，使用 break 语句结束某一分支。此外，还可能在某种条件下跳出循环或提前进行下一轮循环。为了使程序员能自由控制程序的执行，C 语言提供了四种转移语句：break，continue，goto 和 exit 语句。

1. break 语句

break 语句通常用在循环语句和 switch 语句中。break 语句在 switch 语句中的用法已在第 4 章中举例介绍，这里不再重复。

当 break 语句用于 while，do-while 和 for 循环语句中时，可使程序终止 break 语句所在层的循环。

break 语句的一般形式为：

```
    break;
```

【例 5.6】输入一个大于 1 的正整数 n，判断 n 是否为素数。

分析：素数是只能被 1 和它自身整除的自然数。要判断一个数是否为素数，可用 2～(n-1) 之间的每一个数去整除 n，如果 n 能被其中任何一个数整除，则 n 不是素数，相反 n 就是素数。判断一个数是否能被另一个数整除，可通过判断它们整除的余数是否为 0 来实现。

程序如下：

```c
#include <stdio.h>
main()
{
    int n,i;
    printf("请输入一个大于 1 的正整数: ");
    scanf("%d",&n);
    for(i=2;i<n;i++)
        if(n%i==0)
            break;
    if(i>=n)                      //也可写成 i==n
        printf("%d 是素数! \n",n);
    else
        printf("%d 不是素数! \n",n);
}
```

程序运行结果：

请输入一个大于 1 的正整数：17↙

17 是素数！

说明：

（1）由于程序中的 for 循环含有 break 语句，使得 for 循环存在两个结束出口。一个出口是循环正常结束，即循环条件 "i<n" 不成立时结束循环，说明 n 不能被 2～(n-1) 之间的任何一个数整除，即 n 是素数，此时 i 值等于 n；另一个出口是用 break 语句提前结束循环，此时循环体中 if 语句给出的条件 "n%i==0" 成立，说明 i 是 n 的因子，即 n 不可能是素数，无须再做后续的循环。因此，在 for 循环结束后，可根据 i 与 n 的关系来确定是哪种情况，以判断 n 是否为素数。

（2）该程序在 n 不是素数时循环要执行 n-2 次，其实在判断 n 是否为素数时，只需让 n 被 2～$\sqrt{n}$ 之间的数整除就可以了，因为任何一个整数都可分解成两个整数相乘的形式，即 n=i*j，分析可知 i 和 j 中的任何一个肯定介于 1～$\sqrt{n}$ 之间。这样做可以减少循环次数，提高执行效率。

改进后的程序如下：

```c
#include <stdio.h>
#include <math.h>
main()
{
    int n,i,k;
    printf("请输入一个大于 1 的正整数: ");
    scanf("%d",&n);
    k=sqrt(n);
    for(i=2;i<=k;i++)
        if(n%i==0)
            break;
```

```
    if(i>k)                          //也可写成 i>=k+1
        printf("%d 是素数！\n",n);
    else
        printf("%d 不是素数！\n",n);
}
```

变量 k 表示取 n 的平方根，和 i 一起控制循环。需要注意的是，算术平方根函数 sqrt( ) 是 C 语言的库函数，使用时必须在文件的开头加上"#include <math.h>"头文件。

2. continue 语句

continue 语句的作用是结束本次循环，即跳过本次循环体中其余未执行的语句，提前进行下一次循环。continue 语句只能用在 while，do-while 和 for 等循环体中，对于 while 和 do-while 循环，若遇到 continue，则跳到该循环的条件表达式的位置，而对于 for 循环，则跳到该循环的表达式 3 的位置，而不是表达式 2 的位置。

continue 语句的一般形式为：

```
continue;
```

break 语句和 continue 语句一般和 if 语句联合使用，若在循环体内单独使用这两个语句，则无任何意义。当循环嵌套时，break 语句和 continue 语句只影响包含它们的最内层循环，与外层循环无关。

break 语句和 continue 语句对循环控制的影响是不同的，continue 语句只结束本次循环，而不是终止整个循环的执行，而 break 语句则是结束整个循环过程，不再判断执行循环的条件是否成立。例如，下面两个循环结构的程序段：

```
（1）while(表达式 1)              （2）while(表达式 1)
    {                                {
        语句 1；                         语句 1；
        if(表达式 2)break;               if(表达式 2)continue;
        语句 2；                         语句 2；
    }                                }
```

程序段（1）的流程图如图 5-4 所示，程序段（2）的流程图如图 5-5 所示。注意，图 5-4 和图 5-5 中当"表达式 2"为真时流程图的转向是不同的。

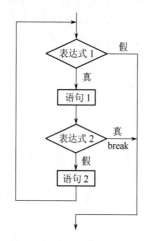

图 5-4　break 语句对循环控制的影响

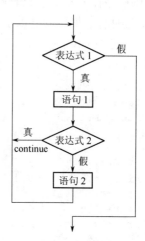

图 5-5　continue 语句对循环控制的影响

【例 5.7】输出 100 以内能被 7 整除的数。

```
#include <stdio.h>
main()
{
    int n;
    for(n=7;n<=100;n++)
    {
        if(n%7!=0)                    //判断是否能被 7 整除
            continue;
        printf("%4d",n);
    }
}
```

程序运行结果：

```
7  14  21  28  35  42  49  56  63  70  77  84  91  98
```

该程序中，对 7～100 之内的每一个数进行测试，如果该数不能被 7 整除，即余数不为 0，则由 continue 语句转去执行下一次循环。只有余数为 0 时，才执行后面的 printf( )语句，输出能被 7 整除的数。该例中的循环体还可以改为以下形式：

```
if(n%7==0)  printf("%4d",n);
```

读者可以通过比较体会 continue 语句的作用。

3. goto 语句

goto 语句是一种无条件转移语句。其一般形式为：

> **goto　语句标号；**

其中，语句标号是用户任意选取的标识符，其后跟一个 "："，可以放在程序中任意一条语句之前，作为该语句的一个代号。语句标号不影响该语句的执行，它只起与 goto 语句配合的作用。

执行 goto 语句后，程序将跳转到该标号处并执行其后的语句。

goto 语句通常与 if 语句配合使用，可用来实现条件转移、构成循环、跳出循环体等功能。

【例 5.8】用 if 和 goto 语句构成循环计算 1+2+…+100 的结果。

```
#include <stdio.h>
main()
{
    int  i=1,sum=0;
    loop:sum+=i;i++;
    if(i<=100)  goto  loop;
    printf("sum=%d\n", sum);
}
```

程序运行结果：

```
sum=5050
```

该程序中，第一次出现的标号 loop 是声明，第二次在 goto 语句中出现的标号 loop 是指明要转向的地方。goto 语句和语句标号必须在同一函数中存在，否则，程序在编译时会出错。

goto 语句的使用破坏了程序的结构，使程序的流程混乱，可读性减弱。因此，建议在编程中尽量少用 goto 语句。

4. exit 语句

exit 语句的功能是用来终止程序的执行并作为出错处理的出口。在 4.1 节任务三中已经简单介绍过该函数，其一般形式如下：

exit（n）；

当执行 exit(n)函数时，如果当前有文件在使用，则关闭所有已打开的文件，结束运行状态，并返回操作系统，同时把 n 的值传递给操作系统。在一般情况下，exit(n)函数中 n 的值为 0 表示正常退出，而 n 的值为非 0 时表示该程序是非正常退出。

需要注意的是，exit 是 C 语言的库函数，在 VC++ 6.0 环境中使用 exit 语句时，需要在文件的开头加上 "#include <stdlib.h>" 头文件。

另外，return 语句也可改变程序的执行顺序，其具体用法将在第 6 章中介绍。

5.4 本 章 小 结

本章首先实现了简易计算器项目主菜单的循环执行，并详细介绍了 while，do-while 和 for 三种循环语句以及转移语句。三种循环语句在用法上有一些差异，使用时要注意考虑以下几点：

（1）三个循环语句都可以处理同样的问题，一般情况下可以互相替代，其中 for 语句的形式较为灵活，主要用在循环次数已知的情形。while 和 do-while 语句一般用在循环次数在循环过程中才能确定的情形。

（2）while 和 do-while 语句处理问题比较相近，循环初始化的操作要在进入 while 和 do-while 循环体之前完成；循环条件都放在 while 语句后面，在循环体中都必须有使循环趋于结束的操作。它们之间不同之处是 while 循环是先对循环条件进行判断，后执行循环体中的语句；如果循环条件一开始就不成立，则循环体将一次也不执行。而 do-while 循环则是先执行一次循环体中的语句，后对循环条件进行判断。所以，无论一开始循环条件是否成立，循环体都被执行一次。

（3）for 语句从表面上看与 while 和 do-while 不同，但从流程图上看它们的本质是一样的。for 语句的执行顺序与 while 语句相同，先对循环条件进行判断，后执行循环体中的语句。在使用 for 语句时，要注意三个表达式在执行过程中的不同作用和先后次序，表达式 1 通常用来给循环变量赋初值，表达式 2 通常是控制循环的条件，而表达式 3 通常是循环变量的变化。

（4）使用 while，do-while 和 for 这三个语句时，要注意 for 语句和 while 语句中表达式后面都不能加分号，而在 do-while 语句的表达式后面则必须加分号。另外，如果循环体为多个语句，一定要放在花括号 "{}" 内，以复合语句的形式使用。

（5）遇到复杂问题时需要使用嵌套的循环来解决，在使用嵌套的循环时，要注意每个循环结构必须完整地被包含在另一个循环结构中，循环之间不能出现交叉现象。

（6）为了实现程序流程的灵活控制，C 语言还提供了 break，continue，goto 和 exit 转移语句。break 语句必须与 switch 和三种循环控制语句配合使用，用于终止 switch 后续语句的执行，以及跳出循环体，提前结束整个循环；continue 语句用于控制循环语句，使当前循环的剩余语句不被执行，强行进入下一次循环；goto 语句可与 if 语句配合使用，实现条件转移、构成循环、跳出循环体等功能，但使程序的结构混乱，建议尽量不要使用；exit 语句一般用来终止程序的执行并作为出错处理的出口，需要注意的是在使用 exit 语句时，需要在文件的开头加上 "#include <stdlib.h>" 头文件。

5.5 习 题

一、单项选择题

1. 下面有关 for 循环的正确描述是（　　）。

   A．for 循环只能用于循环次数已经确定的情况

   B．for 循环是先执行循环体语句，后判断表达式

   C．在 for 循环中不能用 break 语句跳出循环体

   D．for 循环的循环体语句中，可以包含多条语句，但必须用花括号 "{}" 括起来

2. C 语言中，while 和 do-while 循环的主要区别是（　　）。

   A．do-while 的循环体至少无条件执行一次

   B．while 的循环控制条件比 do-while 的循环控制条件严格

   C．do-while 允许从外部转到循环体内

   D．do-while 的循环体不能为复合语句

3. 以下描述正确的是（　　）。

   A．continue 语句的作用是结束整个循环的执行

   B．只能在循环体内和 switch 语句体内使用 break 语句

   C．在循环体内使用 break 语句或 continue 语句的作用相同

   D．break 语句的作用是结束本次循环，提前进入下一次循环

4. 下列程序的输出结果是（　　）。

```c
#include <stdio.h>
main()
{
    int i=0,j=9,k=3,s=0;
    for(;;)
    {
        i+=k;
        if(i>j)
            break;
        s+=i;
    }
    printf("%d",s);
}
```

   A．死循环，无输出　　　　B．30　　　　　　C．18　　　　　　D．3

5. 有关下列程序段的描述中正确的是（　　）。

```c
int k=10;
while(k==0)
    k=k-1;
```

   A．while 循环执行 10 次　　　　　　　　B．循环是死循环

C．循环体语句一次也不执行　　　　　　　　D．循环体语句执行一次

6. 以下程序段是（　　　）。

```
x=-1;
do
{
    x=x*x;
}
while(!x);
```

A. 死循环　　　　　　B.循环执行 2 次　　　　C. 循环执行 1 次　　　D.有语法错误

7. 执行语句 for(i=1;i++<4;);后变量 i 的值是（　　　）。

A. 3　　　　　　　　B. 0　　　　　　　　C. 5　　　　　　　　D. 不定

8. 下列程序段中，do-while 循环的结束条件是（　　　）。

```
int n=0,p;
do
{
    scanf("%d",&p);
    n++;
}while(p!=123 && n<3);
```

A．p 的值不等于 123 并且 n 的值小于 3

B．p 的值等于 123 并且 n 的值大于等于 3

C．p 的值不等于 123 或者 n 的值小于 3

D．p 的值等于 123 或者 n 的值大于等于 3

二、填空题

1. 在语句：for(n=0;n<3;n++)　printf("*");中，表达式 1 执行_____次，表达式 3 执行_____次，共输出_____个星号。

2. 与语句：

for(i=0;i<10;i++) printf("%d",i);

等价的 while 循环是_____。

3. 若下列程序运行时输入 5，则循环体一共执行了____次，退出循环时变量 a 的值为_____。

```
#include <stdio.h>
main()
{
    int n,a=0;
    scanf("%d",&n);
    while(n--)
        printf("%d\n",a++);
}
```

4. 下列程序的运行结果是_____。

```
#include <stdio.h>
main()
{
    int a,y;
    a=10;y=0;
    do
    { a+=2;y+=a;
```

```
        if(y>50) break;
    }while(a=14);
    printf("a=%d  y=%d\n",a,y);
}
```

三、编程题

1．从键盘输入一行字符，分别统计其中数字字符、字母字符和其他字符的个数。

2．编写程序，从键盘输入 6 名学生 5 门功课成绩，分别统计出每个学生的平均成绩。

3．编程计算 1!+2!+3!+4!+⋯+20!的结果。

4．有一分数序列：$\dfrac{2}{1},\dfrac{3}{2},\dfrac{5}{3},\dfrac{8}{5},\dfrac{13}{8},\dfrac{21}{13},\ldots$。求出这个数列的前 20 项之和。

第2篇 提 高 篇

本篇以学生成绩统计项目为背景，学习函数、数组和指针的内容。该项目分解为四个子任务，分别贯穿于第6~8章中进行分析和实现。

通过本篇的学习，学生应掌握分析问题和解决问题的思路和方法，并能灵活运用函数、数组和指针编写程序，解决科学计算和工程设计中的一般性问题。

学生成绩统计项目概述

1. 项目涉及的知识要点

项目涉及的知识点主要包括程序的三种基本结构、函数、数组和指针等内容。其中程序的三种基本结构已在第 1 篇中进行了介绍，在此不再重复。函数、数组和指针三部分的知识将在第 6～8 章中详细介绍。

2. 项目主要目的和任务

该项目主要巩固和加深学生对 C 语言基本知识的学习，使学生理解和掌握模块化程序设计的基本思想和方法，掌握数组和指针的定义和应用，培养学生利用 C 语言进行软件设计的能力。

3. 项目功能描述

该项目主要实现学生某门课程成绩的统计。其功能包括：录入和显示学生成绩、统计总分和平均分、统计最高分和最低分、统计各分数段人数。系统功能模块结构图如图 B-1 所示。

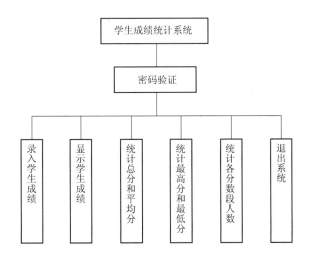

图 B-1　系统功能模块结构图

系统各模块的功能说明如下：

（1）密码验证模块，主要实现登录密码的验证工作。系统初始密码为 123456。

（2）录入学生成绩模块，主要实现学生考试成绩的录入。假设输入的第 1 名学生的学号为 1，第 2 名学生的学号为 2，依次类推，最多可以录入 30 个学生的成绩，可输入-1 结束整个录入过程。

（3）显示学生成绩模块，主要实现学生成绩的显示。

（4）统计总分和平均分模块，主要实现某门课程总分和平均分的统计，并显示统计结果。

（5）统计最高分和最低分模块，主要实现某门课程最高分和最低分的统计，并显示统计结果。

（6）统计各分数段人数模块，主要实现某门课程各分数段人数的统计。要求将百分制成绩转化为优、良、中、及格和不及格五个等级，并显示相应的统计结果。

（7）退出系统模块，主要实现系统的正常退出。

需要说明的是，学生成绩统计系统重在以一个小项目为突破口，让学生灵活掌握函数、数组和指针等重要知识并提升应用能力。所以其实现的功能相对比较简单，所处理的学生信息也不太全面，在学习了结构体和文件内容之后，将给出更完善、更实用的学生信息管理系统。

4. 项目界面设计

（1）密码验证界面。在用户登录系统时，要输入密码进行验证，如图 B-2 所示。

图 B-2　密码验证界面

（2）主界面。如果密码正确，则进入主界面，如图 B-3 所示。用户可选择 0～5 之间的数字，调用相应功能进行操作。当输入 0 时，退出系统。

图 B-3　主界面

（3）录入学生成绩界面。当用户在主界面中输入 1 并按回车键后，进入录入学生成绩界面，如图 B-4 所示。

图 B-4　录入学生成绩界面

（4）显示学生成绩界面。当用户在主界面中输入 2 并按回车键后，进入显示学生成绩界面，如图 B-5 所示。

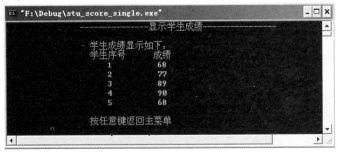

图 B-5　显示学生成绩界面

（5）统计总分和平均分界面。当用户在主界面中输入 3 并按回车键后，进入统计总分和平均分界面，如图 B-6 所示。

图 B-6　统计总分和平均分界面

（6）统计最高分和最低分界面。当用户在主界面中输入 4 并按回车键后，进入统计最高分和最低分界面，如图 B-7 所示。

图 B-7　统计最高分和最低分界面

（7）统计各分数段人数界面。当用户在主界面中输入 5 并按回车键后，进入统计各分数段人数界面，如图 B-8 所示。

图 B-8　统计各分数段人数界面

5. 项目任务分解

该项目分解为四个子任务，每个子任务及其对应的章节如下：

第 6 章：任务一　项目的整体框架设计

第 7 章：任务二　用一维数组实现项目中学生成绩的统计

第 7 章：任务三　用字符数组实现项目中的密码验证

第 8 章：任务四　用指针实现项目中学生成绩的统计

第6章 项目中函数的应用

函数是 C 语言程序的基本组成单位，也是程序设计的重要手段。使用函数可以将一个复杂程序按照其功能分解成若干个相对独立的基本模块，并分别对每个模块进行设计，最后将这些基本模块按照一定的关系组织起来，完成复杂程序的设计。这样可以使程序结构清晰，便于编写、阅读和调试。在 C 语言程序中进行模块化程序设计时，这些基本模块就是用一个个函数来实现的。

本章将结合学生成绩统计项目的整体框架设计，介绍 C 语言函数的定义和调用、函数间的数据传递、变量的作用域和存储类型、嵌套和递归调用、编译预处理等相关内容。掌握函数的这些内容是进行模块化程序设计的基础。

学习目标：

● 理解和掌握"自顶向下、逐步求精"的模块化程序设计方法；
● 正确理解函数在程序设计中的作用和地位；
● 掌握函数的定义和调用方法；
● 正确理解和使用变量的作用域；
● 正确理解和使用变量的存储类型；
● 熟悉函数的嵌套调用和递归调用的方法；
● 了解编译预处理命令的作用和特点，掌握宏定义和文件包含处理方法。

6.1 任务一 项目的整体框架设计

1. 任务描述

项目的整体框架是程序的总体结构，是程序设计中非常重要的部分。该任务要求采用结构化编程的思想，实现学生成绩统计项目的整体框架设计。

2. 任务涉及知识要点

该任务涉及到的新知识点主要有结构化程序设计思想与函数，具体内容将在本章的理论知识中进行详细介绍。

3. 任务分析

从项目功能描述中可知，系统主模块应包含显示主菜单模块、密码验证模块、录入学生成绩模块、显示学生成绩模块、统计总分和平均分模块、统计最高分和最低分模块、统计各分数段人数模块，每个模块都定义为一个功能相对独立的函数，各函数名如下：

（1）显示主菜单模块，函数名 MainMenu( )。

（2）密码验证模块，函数名 PassWord( )。

（3）录入学生成绩模块，函数名 InputScore(int score[ ])。

（4）显示学生成绩模块，函数名 DisplayScore(int score[ ],int n)。

（5）统计总分和平均分模块，函数名 SumAvgScore(int score[ ],int n)。

（6）统计最高分和最低分模块，函数名 MaxMinScore(int score[ ],int n)。

（7）统计各分数段人数模块，函数名 GradeScore(int score[ ],int n)。

由于录入、显示和统计学生成绩模块均用到学生的成绩信息，因此在相应函数中用存储成绩信息的一维数组 score[ ]作为形参，以接受来自主调函数中实参数组的值。

为了提高程序的可读性，给函数起名时应尽量做到见名知意，而且要用注释的方法将有关函数的功能和作用一一说明，以备查阅。

4. 任务实现

项目的整体框架如下：

```c
//==========================编译预处理命令部分====================
#include <stdio.h>
#include <conio.h>
#include <time.h>
#include <string.h>
#include <stdlib.h>
#define MAXSTU 30                        //最大学生人数为 30
//==========================函数原型声明部分====================
void PassWord();                         //密码验证函数声明
void MainMenu();                         //主菜单函数声明
int  InputScore(int score[]);            //录入学生成绩函数声明
void DisplayScore(int score[],int n);    //显示学生成绩函数声明
void SumAvgScore(int score[],int n);     //统计课程总分和平均分函数声明
void MaxMinScore(int score[],int n);     //统计课程最高分和最低分函数声明
void GradeScore(int score[],int n);      //统计课程各分数段人数函数声明
//=====================主函数部分=========================
main()                                   //主函数
{
    int stu_score[MAXSTU];               //定义一维数组,存放学生某门课程的成绩
    int stu_count=0;                     //存放学生实际人数
    int choose;                          //定义整型变量,存放主菜单选择序号
    PassWord();                          //调用密码验证函数
    while(1)
    {
        MainMenu();                      //调用显示主菜单函数
        printf("\t\t  请选择主菜单序号(0~5):");
        scanf("%d",&choose);
        switch(choose)
        {
          case 1:stu_count=InputScore(stu_score);   //调用录入学生成绩函数
                 break;
          case 2:DisplayScore(stu_score,stu_count);//调用显示学生成绩函数
                 break;
          case 3:SumAvgScore(stu_score,stu_count);//调用统计总分和平均分函数
                 break;
```

```
            case 4:MaxMinScore(stu_score,stu_count);//调用统计最高分和最低分函数
                    break;
            case 5:GradeScore(stu_score,stu_count);//调用统计各分数段人数函数
                    break;
            case 0:return;
            default:printf("\n\t\t   输入无效, 请重新选择!\n");
        }
        printf("\n\n\t\t   按任意键返回主菜单");
        getch();
    }
}
//==========================各函数定义部分==========================
void PassWord()                                //密码验证函数
{
    printf("输入密码函数\n");
    getch();
}


void MainMenu()                                //显示主菜单函数
{
    system("cls");                             //清屏
    printf("\n\n");
    printf("\t\t|---------------------------------- |\n");
    printf("\t\t|          学生成绩统计系统          |\n");
    printf("\t\t|---------------------------------- |\n");
    printf("\t\t|          1---录入学生成绩          |\n");
    printf("\t\t|          2---显示学生成绩          |\n");
    printf("\t\t|          3---统计总分和平均分       |\n");
    printf("\t\t|          4---统计最高分和最低分     |\n");
    printf("\t\t|          5---统计各分数段人数       |\n");
    printf("\t\t|          0---退出                 |\n");
    printf("\t\t|---------------------------------- |\n");
}


int InputScore(int score[])                    //录入学生成绩函数
{
    printf("录入学生成绩\n");
    return(0);                                 //返回录入的学生人数, 现假设为0
}


void DisplayScore(int score[],int n)   //显示学生成绩函数
{
    printf("显示学生成绩\n");
    return;
}


void SumAvgScore(int score[],int n)    //统计课程总分和平均分函数
{
    printf("统计总分和平均分\n");
    return;
}
```

```
void MaxMinScore(int score[],int n)        //统计课程最高分和最低分函数
{
    printf("统计最高分和最低分\n");
    return;
}
void GradeScore(int score[],int n)         //统计课程各分数段人数函数
{
    printf("统计各分数段人数\n");
    return;
}
```

程序说明：

（1）由于目前还没有学到数组和字符串的内容，所以该任务只给出了显示主菜单函数 MainMenu( )的完整代码，其他函数中仅使用了一条 printf( )语句，以表示能正确调用，在学习第 7 章数组时，再完善相应函数。

（2）需要注意的是，该任务中主函数的位置在所有被调函数之前，也可以将主函数放在所有被调函数之后或两个被调函数之间。

5. 要点总结

在实际开发中，当编写由多函数组成的程序时，一般情况下先编写主函数，并进行测试与调试。对于尚未编写的被调函数，先使用空函数占位，以后再用编好的函数代替它，这样容易找出程序中的各种错误。切忌把所有函数编写并输入完再进行测试和调试，这样做会因程序过长而不易检查出错误。可采用逐步扩充功能的方式分批进行，即编写一个，测试一个。

6.2 理 论 知 识

6.2.1 结构化程序设计思想与函数的分类

6.2.1.1 结构化程序设计思想

结构化程序设计是一种最基本的程序设计方法，其基本思想是"自顶向下、逐步求精"。所谓"自顶向下、逐步求精"，是指一种先整体、后局部的设计方法。即将一个较复杂的问题，划分为若干个相互独立的模块，每一个模块完成不同的功能，然后将这些模块通过一定的方法组织起来，成为一个整体。例如，学生成绩统计项目的开发，先给出项目的整体框架设计，然后再具体实现每个功能模块。这种设计思想很像搭积木，单个的积木就像是一个个模块，它们的功能单一，便于开发和维护。

在 C 语言中进行模块化程序设计时，这些基本模块就是用一个个函数来实现的，一般由主函数来完成模块的整体组织。函数在一般情况下要求完成的功能单一，这样做的好处是便于函数设计与重用。

6.2.1.2 函数的分类

C 语言函数从不同的角度可以分为不同的类型。

1．从用户角度上可分为库函数与用户自定义函数

（1）库函数。又称标准函数。这些函数由系统定义，用户在程序中可以直接使用它们，例如前面学过的输出函数 printf( )和输入函数 scanf( )等都是库函数。系统为我们提供了大量的库函数，为程序设计带来极大的方便。

（2）自定义函数。这些函数由用户根据自己的需要来定义。如 6.1 节任务一中的 MainMenu( )，PassWord( )都是自定义函数。对于该类函数，要先定义，然后才能使用。

2．从函数自身形式上可分为无参函数和有参函数

（1）无参函数。函数名后的括号中没有参数，如 6.1 节任务一中的 MainMenu( )，PassWord( )都是无参函数。调用无参函数时，在主调函数与被调函数之间没有数据传递。

（2）有参函数。函数名后的括号中有参数，如 6.1 节任务一中的 InputScore(int score[ ])，DisplayScore(int score[ ] ,int n)等都是有参函数。调用有参函数时，在主调函数与被调函数之间有数据传递。

6.2.2　函数的定义与调用

尽管 C 语言本身提供了众多的库函数，但与实际应用的需要相比，还是远远不够的，因此，C 语言允许用户按需要定义和编写自己的函数。对于用户自定义函数，不仅要在程序中定义函数本身，即定义函数功能，而且在主调函数中，还必须对被调用函数进行声明。下面将对用户自定义函数进行详细介绍。

6.2.2.1　函数的定义

函数的定义就是编写函数的程序代码以实现函数的功能。下面先给出一个函数定义及调用的例子。

【例 6.1】编写程序，从键盘输入两个整数，求其中较大的数并输出。

```c
#include <stdio.h>
main()
{
    int  max(int x,int y);         //声明 max()函数
    int a,b,result;
    printf("请输入两个整数: ");
    scanf("%d,%d",&a,&b);
    result=max(a,b);               //调用 max()函数,将返回值赋给 result
    printf("两数之中较大的数是: %d\n",result);
}
int  max(int x,int y)              //定义 max()函数
{
    int z;
    if(x>y) z=x;
    else    z=y;
    return(z);                     //返回函数值
}
```

程序运行结果：

请输入两个整数：5,9↙

两数之中较大的数是：9

该程序由两个函数组成，一个是主函数 main( )，另一个是自定义函数 max( )。max( )函数有两个参数 x 和 y，其功能是求两数之中的较大数，并由 return 语句把所求得的较大数（函数值）返回给 main( )函数。为了说明方便，通常将该例中的 main( )函数称为主调函数，而把 max( )函数称为被调函数。通过这个程序可以看出函数定义的一般形式。

根据函数是否需要参数，可将函数分为有参函数和无参函数两种，下面分别予以说明。

1. 有参函数的定义

有参函数定义的一般形式如下：

函数类型说明符　函数名(形式参数说明表列)

```
{
        声明部分;
        执行部分;
}
```

说明：

（1）第一行为函数首部；花括号中的部分为函数体，函数体由声明部分和执行部分组成，声明部分用来声明执行部分中用到的变量和函数，执行部分用来描述函数完成的具体操作。

（2）"函数类型说明符"用来说明该函数返回值的类型。例如，在[例 6.1]中 max( )函数的类型说明符为 int，其返回值是一个整数。当函数需要返回一个确定的值时，须通过"return(表达式);"或"return 表达式;"语句来实现，其中表达式就是函数的返回值。如果没有 return 语句或 return 语句不带表达式，并不表示没有返回值，而是返回一个不确定的值。若不希望函数有返回值，则其类型说明符应为"void"，即空类型。如果函数的返回值是整型，可省略类型说明。

（3）形式参数简称形参，可以是变量、指针或数组名等，但不能是表达式或常量，各参数之间用逗号间隔。

（4）函数定义不允许嵌套。在 C 语言中，所有函数（包括主函数 main( )）都是平行的。在一个函数的函数体内，不能再定义另一个函数，即不能嵌套定义。

（5）当一个 C 语言程序由多个函数构成时，必须有一个唯一的 main( )函数。main( )函数在源程序中的位置可以任意，程序的执行总是从 main( )函数开始，最终从 main( )函数结束。

2. 无参函数的定义

无参函数与有参函数基本一样，不同的只是它没有形参（但圆括号不能省略），调用时不需要实参。

【例 6.2】定义一个无参函数，在屏幕上显示"Hello, world！"。

```
#include <stdio.h>
main()
{
    void hello();        //对被调函数的声明
    hello();             //调用 hello()函数
}
void hello()             //定义 hello()函数
```

```
{
    printf("Hello, world!\n");
}
```

程序运行结果：

Hello, world!

该函数的类型说明为"void"，所以为无返回值的函数。

另外，在定义函数时，可以定义空函数。所谓空函数，是指既无参数又无函数体的函数。其一般形式为：

void 函数名()

{}

例如：

```
void empty()
{}
```

即定义了一个空函数 empty( )。

调用空函数时，什么操作也不做，没有任何实际作用。在程序设计中，通常将未编写好的功能模块用一个空函数暂时占一个位置，便于将来扩充。

6.2.2.2 函数的调用

定义一个函数的目的是为了使用，因此要在程序中调用该函数才能执行它的功能。

1. 函数调用的一般形式

函数名（实际参数表列）；

调用无参函数时，圆括号不能省略。"实际参数表列"中的参数简称为实参，它们可以是常量、变量或表达式。如果实参不止一个，则相邻实参之间用逗号分隔，并且实参的个数、类型和顺序，应该与该函数形参的个数、类型和顺序一致，这样才能正确地进行参数传递。

如[例 6.1]中的函数调用语句"result=max(a，b);"，其实参个数、类型和顺序，都与被调函数 max( )的形参所要求的个数、类型和顺序一致。

2. 函数调用的方式

按函数在程序中出现的位置来分，有三种函数调用方式。

（1）函数语句

这种方式把函数调用作为一条单独的语句。其一般形式为：

函数名（实际参数表列）；

该方式常用于调用一个没有返回值的函数，函数的功能只是完成某些操作。如[例 6.2]中的 hello( )函数，调用方式为：

```
hello();
```

又如前面各章用到的 printf( )和 scanf( )等库函数都是以函数语句的方式调用的。

（2）函数表达式

这种方式把函数作为表达式的一项，出现在主调函数的表达式中，以函数返回值参与表达式的运算。这种方式要求函数具有返回值。如[例 6.1]中的"result=max(a，b);"是一个赋值表达式语句，它把 max( )函数的返回值赋予变量 result。

（3）函数实参

函数调用作为另一个函数调用的实参出现。这种情况是把被调用函数的返回值作为实参进行传送，因此要求被调用函数必须有返回值。这种调用方式其本质与函数表达式的调用方式相同。

如［例 6.1］中的 "result=max(a，b); printf("两数之中较大的数是：%d\n",result);" 也可以合写成 "printf("两数之中较大的数是：%d\n"，max(a,b)); "，即把 max(a,b)函数调用的返回值作为 printf( )函数的实参来使用。其执行过程是：先调用 max(a,b)函数，然后将其返回值作为 printf( )函数的实参。

3. 函数声明

同变量一样，函数的调用也遵循"先声明，后使用"的原则。前面已经介绍过，C 语言函数可分为库函数和用户自定义函数。因此，被调用函数有以下两种情况：

（1）调用库函数时，一般需要在程序的开头用"＃include"命令。例如，当调用 getchar( )函数时要在程序的开头加一条命令"#include <stdio.h>"；调用数学库中的函数，应该在程序的开头加一条命令"#include <math.h>"，这是因为对该函数的说明等一些信息包含在.h 文件中。故调用某个库函数，必须包含相应的头文件。

（2）调用自定义函数，而且该函数与主调函数在同一个程序中，一般应该在主调函数中对被调用的函数作声明。即向编译系统声明将要调用哪些函数，并将被调用函数的有关信息通知编译系统。如［例 6.1］主函数 main( )中的"int max(int x,int y); "语句；［例 6.2］主函数 main( )中的"void hello( );"语句，都是对被调用函数的声明。

函数声明的一般形式为：

函数类型说明符　被调函数名（类型 1　形参 1,类型 2　形参 2…）；

或：

函数类型说明符　被调函数名（类型 1,类型 2…）；

如在［例 6.1］的主函数中，对 max( )函数的声明也可写成如下形式：

```
int max(int,int);
```

即在函数声明中省略形参名，仅有形参类型。这种函数声明形式又称为函数原型。

C 语言中规定，以下几种情况可以省去主调函数中对被调函数的函数声明。

（1）如果被调函数的返回值是整型或字符型，可以不对被调函数声明，而直接调用。

（2）当被调函数定义出现在主调函数之前时，在主调函数中可以省略对被调函数的声明而直接调用。因为先定义的函数先编译，在编译主调函数时，被调函数已经编译，其函数首部已经起到了声明的作用，即编译系统已经知道了被调函数的函数类型、参数个数、类型和顺序，编译系统可以据此检查函数调用的合法性，因而在主调函数中不必再声明。

（3）如果在所有函数定义之前，在函数外部（例如源文件开始处）预先对各个被调函数进行了声明，则在主调函数中可省略对被调函数的声明。

如［例 6.1］可改为：

```
#include <stdio.h>
int max(int x,int y);          //声明 max()函数
main()
{
    int a,b,result;
    printf("请输入两个整数：");
```

```
    scanf("%d,%d",&a,&b);
    result=max(a,b);                    //调用max()函数，将返回值赋给result
    printf("两数之中较大的数是：%d\n",result);
}
int  max(int x,int y)               //定义max()函数
{
    int z;
    if(x>y) z=x;
    else    z=y;
    return(z);                          //返回函数值
}
```

程序功能未发生任何变化。

应该注意，函数定义和函数声明是两个不同的概念。函数定义是对函数功能的确立，包括定义函数名、函数值的类型、函数参数及函数体等，它是一个完整的、独立的函数单位。在一个程序中，一个函数只能被定义一次，而且是在其他任何函数之外进行的。

函数声明（有的书上也称为"说明"）则是把函数的名称、函数值的类型、参数的类型、个数和顺序通知编译系统，以便在调用该函数时系统对函数名称正确与否、参数的类型、个数及顺序是否一致等进行对照检查。在一个程序中，除上述可以省略函数声明的情况外，所有主调函数都必须对被调函数进行声明。

6.2.3　函数间的数据传递

调用函数时，大多数情况下，主调函数与被调函数之间有数据传递关系。主调函数向被调函数传递数据主要是通过函数的参数进行的，而被调函数向主调函数传递数据一般是利用 return 语句实现的。在使用函数的参数传递数据时，可以采用两种方式，即传值方式和传址方式。从本质上讲，C 语言中只有传值方式，因为地址也是一种值，传址实际上是传值方式的一个特例，只是为了讲述方便，将它们分开讨论。本节只介绍传值方式，传址方式将在第 7 章数组和第 8 章指针中进行详细介绍。

函数调用时，主调函数的参数称为"实参"，被调函数的参数称为"形参"，主调函数把实参的值按数据复制方式传给被调函数的形参，从而实现调用函数向被调函数的数据传递。

使用传值方式在函数间传递数据时应注意以下几点：

（1）实参和形参的类型、个数和顺序都必须保持一致。实参可以是常量、变量、表达式或数组元素，但必须有确定的值，以便把这些值传送给形参。因此，应预先用赋值、输入等方法，使实参获得确定的值。

（2）形参变量只有在函数被调用时，才分配存储单元，函数调用结束后，即刻释放所分配的存储单元，因此，形参只有在该函数内有效。函数调用结束返回主调函数后，则不能再使用该形参变量。

（3）实参对形参的数据传送是单向的值传递，即只能把实参的值传送给形参，而不能把形参的值反向传送给实参。

【例 6.3】传值方式在函数间传递数据应用举例。

```
#include <stdio.h>
void swap(int x,int y)              //定义swap()函数
```

```
{
    int temp;
    temp=x;x=y;y=temp;
    printf("x=%d,y=%d\n",x,y);      //交换 x,y 的值
}
main()
{
    int a=2,b=3;
    swap(a,b);                      //调用 swap()函数
    printf("a=%d,b=%d\n",a,b);
}
```
程序运行结果：
```
x=3,y=2
a=2,b=3
```

在该程序中，函数间的数据传递采用传值方式。当执行到 main( )函数中的函数调用语句 "swap(a,b)；" 时，给 swap( )函数中的两个形参 x 和 y 分配存储空间，并将实参 a，b 的值 2 和 3 分别传递给 x 和 y。此时数据传递如图 6-1（a）所示。在执行 swap( )函数时，确实交换了 x 和 y 的值，但当函数调用结束返回主函数时，形参 x 和 y 所占的存储空间被释放，形参值的改变并不能影响实参，因此，主函数中 a 和 b 的值维持不变，并未实现两数的交换。返回 main( )函数时实参和形参的情况如图 6-1（b）所示，其中虚框表示形参所占内存空间已被释放。

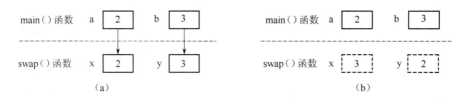

图 6-1　函数间的传值调用

在 C 语言中还可以使用全局变量在函数间传递数据，关于全局变量的内容将在 6.2.4 节进行详细介绍。

6.2.4　变量的作用域

变量的有效范围称为变量的作用域。所有变量都有自己的作用域，变量定义的位置不同，其作用域也不同，作用域是从空间角度对变量特性的一个描述。按照变量的作用域，可将 C 语言中的变量分为局部变量和全局变量。

1. 局部变量

在一个函数（包括 main( )函数）或复合语句内部定义的变量称为局部变量。局部变量只在该函数或复合语句范围内有效。在函数或复合语句之外就不能使用这些变量了。所以，局部变量又称为内部变量。局部变量的作用域如下所示：

```
int f1(int a)
{
    int b,c;           局部变量 a,b,c 的作用域
    …
}
```

```
int f2(int x)  ┐
{              │
    int y,z;   ├ 局部变量 x,y,z 的作用域
    ...        │
}              ┘
main()
{
    int m,n;        ┐
    ...             │
    {          ┐    │
        float f;│局部变量 │局部变量 m,n 的作用域
        ...     │f 的作用域│
    }          ┘    │
    ...             │
}                   ┘
```

说明：

（1）主函数 main( )中定义的局部变量，只能在主函数中使用，其他函数不能使用。同时，主函数中也不能使用其他函数中定义的局部变量。因为主函数也是一个函数，与其他函数是平行关系。

（2）形参变量也是局部变量，属于被调函数；实参变量则是主调函数的局部变量。

（3）允许在不同的函数中使用相同的变量名，它们代表不同的对象，被分配不同的存储单元，互不干扰，也不会发生混淆。

（4）在复合语句中也可以定义变量，其作用域只限于复合语句范围内。

【例 6.4】 局部变量应用举例。

```
#include <stdio.h>
main()
{
    int a=10;
    {
        int a=20;
        printf("a=%d\n",a);
    }
    printf("a=%d\n",a);
}
```

程序运行结果：

```
a=20
a=10
```

该程序中，定义了两个变量 a，值为 10 的 a 的作用域为整个 main( )函数，值为 20 的 a 的作用域为其所在的复合语句。但在该复合语句中，值为 10 的 a 被屏蔽，所以第一个 printf( )语句输出 20；当结束复合语句时，值为 20 的 a 消失，值为 10 的 a 变为有效，所以第二个 printf( )语句输出 10。

2. 全局变量

全局变量又称外部变量，它是指在函数外部定义的变量。全局变量不属于任何一个函数，其作用域从定义的位置开始，到整个源程序结束。全局变量可被作用域内的所有函数直接引用。全局变量的作用域如下所示：

```
int a,b;
void f1()
{
    ...
}
float x,y;
int f2()
{
    ...
}
main()
{
    ...
}
```

全局变量
a,b 的作用域

全局变量
x,y 的作用域

【例 6.5】输入圆的半径（r），求圆的周长（d）及面积（s）。

```
#include <stdio.h>
#define PI 3.1415926
float d,s;                          //全局变量定义
void fun_ds(float a)
{
    d=2*PI*a;                       //计算周长
    s=PI*a*a;                       //计算面积
}
main()
{
    float r;
    printf("请输入圆的半径：");
    scanf("%f",&r);
    fun_ds(r);                      //调用函数
    printf("圆的周长为：%.2f,面积为：%.2f\n",d,s);
}
```

程序运行结果：

请输入圆的半径：4✓

圆的周长为：25.13，面积为：50.27

从[例 6.5]可以看出，全局变量是函数之间进行数据传递的又一种方式。由于 C 语言中的函数只能返回一个值，因此，当需要增加函数的返回值时，可以使用全局变量。该例中，在函数 fun_ds( )中求得的全局变量 d 和 s 的值，在 main( )函数中仍然有效，从而实现了函数之间的数据传递。

读者可参照此例，改写[例 6.3]，用全局变量实现两个整数的交换。

说明：

（1）全局变量可加强函数之间的数据联系，因而使得函数的独立性降低。从模块化程序设计的观点来看，这是不利的，因此在不必要时尽量不要使用全局变量。

（2）在同一源文件中，允许全局变量和局部变量同名。同名时在局部变量的作用域内，全局变量将被屏蔽而不起作用，如[例 6.6]所示。

【例 6.6】全局变量与局部变量同名举例。

```
#include <stdio.h>
int  a=3,b=5;                      //全局变量定义
int max(int  a,int  b)
{
   int  c;
   if(a>b) c=a;
   else  c=b;
   return  c;
}
main()
{
   int  a=8;                        //局部变量定义
   printf("max=%d\n",max(a,b));
}
```

程序运行结果如下：

max=8

该例中，main( )函数中定义的局部变量 a 与全局变量同名，max( )函数中定义的形参 a，b 也与全局变量同名。因此，在 main( )函数中，全局变量 a 被屏蔽，调用 max( )函数的实参 a 是局部变量，值为 8，实参 b 是全局变量，值为 5。在 max( )函数中，全局变量 a，b 均被屏蔽，形参 a，b 的值为实参所传递，分别为 8 和 5，所以输出结果为 8。

从［例 6.6］可以看出，全局变量与局部变量同名时容易混淆其作用域，因此在程序设计中应尽量避免其同名。

（3）全局变量的作用域是从定义点开始到本源文件结束为止的。如果定义点之前的函数需要引用这些全局变量，则需要在函数内对被引用的全局变量进行声明。

全局变量声明的一般形式为：

extern　类型说明符　全局变量 1［，全局变量 2…］；

可通过对全局变量的声明将其作用域延伸到定义它的位置之前的函数中。如［例 6.5］的程序也可以编写成如下形式：

```
#include <stdio.h>
#define PI 3.1415926
void fun_ds(int a)
{
   extern float d,s;               //全局变量声明
   d=2*PI*a;                       //计算周长
   s=PI*a*a;                       //计算面积
}
float d,s;                         //全局变量定义
main()
{
   int r;
   printf("请输入圆的半径：");
   scanf("%d",&r);
   fun_ds(r);
   printf("圆的周长为：%.2f,面积为：%.2f\n",d,s);
}
```

上面程序的功能和运行结果与［例 6.5］完全相同。全局变量 d，s 的定义位置在 fun_ds( )

函数的定义之后，因此，在 fun_ds( ) 函数中要引用全局变量 d，s 就必须先声明，使其作用域延伸到该函数中才能引用。这种作用域的扩展，也称为作用域的"提升"。

全局变量的定义和全局变量的声明是两回事。全局变量的定义必须在所有函数之外，且只能定义一次。而全局变量的声明出现在要使用该全局变量的函数内，而且可以在不同的函数中出现多次。全局变量在定义时分配内存单元，并可以初始化；全局变量声明时，不能再赋初值，只是表明在该函数内要使用这些全局变量。

6.3 知 识 扩 展

6.3.1 变量的存储类型

在 C 语言中，每个变量都有两个属性：数据类型和存储类型。数据类型在第 2 章已经作了详细介绍，存储类型是指变量在内存中存储的方式。变量的存储类型分为静态存储和动态存储两大类。

静态存储变量通常是在变量定义时就分配存储单元，并一直占有，直至整个程序运行结束才释放。前面介绍的全局变量即属于此类存储方式。

动态存储变量是在程序执行过程中，使用它时才分配存储单元，使用完毕立即释放。典型的例子是函数的形参，在函数定义时并不给形参分配存储单元，只是在函数被调用时，才予以分配，调用完毕立即释放。如果一个函数被多次调用，则反复地分配、释放形参变量的存储单元。

由此可知，静态存储变量是一直存在的，而动态存储变量则"用之则建，用完即撤"。这种由于变量存储方式的不同而产生的特性，称为变量的生存期。生存期表示了变量存在的时间。生存期和作用域分别从时间和空间两个不同的角度描述了变量的特性。两者之间既有联系，又有区别。

因此，对一个变量的定义，不仅应定义其数据类型，还应定义其存储类型。变量定义的完整形式应为：

[存储类型] 数据类型 变量名 1 [，变量名 2…]；

在 C 语言中，对变量的存储类型定义有以下四种：自动变量（auto）、静态变量（static）、寄存器变量（register）和外部变量（extern）。这里只介绍常用的自动变量和静态变量。

1. 自动变量（auto）

在定义变量时，用关键字 auto 指定存储类型的局部变量称为自动变量。由于 C 语言默认局部变量的存储类型为 auto，所以在定义局部变量时，通常省略 auto。前面各章的程序中所定义的变量，都是自动变量。例如：

```
int a,b,c;
```
等价于
```
auto int a,b,c;
```
自动变量具有以下特点：

（1）自动变量属于动态存储方式，只有在定义它的函数被调用时，才为其分配存储单元，当函数调用结束，其所占用的存储单元自动被释放。函数的形参也属于此类变量。自动变量的生存期为函数被调用期间。

（2）自动变量的赋初值操作是在函数被调用时进行的，且每次调用都要重新赋一次初值。

2. 静态变量（static）

静态变量又分为静态局部变量和静态全局变量两种。当用关键字 static 定义局部变量时，称该变量为静态局部变量。当用关键字 static 定义全局变量时，则称该变量为静态全局变量。在此主要介绍静态局部变量。

静态局部变量具有以下特点：

（1）静态局部变量属于静态存储方式，在编译时为其分配存储单元，在程序执行过程中，静态局部变量始终存在，即使所在函数被调用结束也不释放。静态局部变量的生存期为整个程序执行期间。

（2）静态局部变量的作用域与自动变量相同，即只能在定义它的函数内使用，退出该函数后，尽管它的值还存在，但不能被其他函数引用。

（3）静态局部变量是在编译时赋初值，对未赋初值的静态局部变量，C 编译系统自动为它赋初值 0（整型或实型）或'\0'（字符型）。每次调用静态局部变量所在的函数时，不再重新赋初值，而是使用上次调用结束时的值，所以静态局部变量的值具有可继承性。

【例 6.7】 自动变量和静态局部变量应用举例。

```c
#include <stdio.h>
int fun(int a)
{
    auto int b=0;          //自动变量定义
    static int c;          //静态局部变量定义
    b=b+1;
    c=c+1;
    return(a+b+c);
}
main()
{
    int a=2,i;
    for(i=1;i<=3;i++)
        printf("%2d",fun(a));
}
```

程序运行结果：

4 5 6

该例 fun( )函数中定义了自动变量 b 和静态局部变量 c，由于自动变量在函数调用时才分配存储单元，函数调用结束时存储单元释放，值不保留。因此，三次调用 fun( )函数时，b 变量都将重新赋值 0；而静态局部变量在编译时分配存储单元，且系统自动赋初值 0，在函数调用结束时存储单元不释放，值具有继承性，下次调用该函数时，静态局部变量的初值就是上一次调用结束时变量的值。因此，三次调用 fun( )函数结束时，c 变量的值分别为 1，2，3，函数的返回值相应为 4，5，6。

当多次调用一个函数且要求在调用之间保留某些变量的值时，可考虑采用静态局部变量。但由于静态局部变量的作用域与生存期不一致，降低了程序的可读性，因此，除对程序的执行效率有较高要求外，一般不提倡使用静态局部变量。

6.3.2 函数的嵌套调用和递归调用

前面介绍的函数调用方式，只是一个函数调用另一个函数，这种调用属于简单调用。C 语言还允许函数的嵌套调用和递归调用。

1. 函数的嵌套调用

C 语言的函数定义都是互相平行、互相独立的。也就是说，在定义一个函数时，该函数体内不能再定义另一个函数，即不允许嵌套定义函数。但可以嵌套调用函数，即在调用一个函数的过程中，又调用另一个函数。其调用关系如图 6-2 所示。

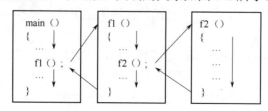

图 6-2 函数的嵌套调用

图 6-2 表示了两层嵌套调用的情形。其执行过程是：首先执行 main( )函数，当遇到调用 f1( )函数的语句时，即转去执行 f1( )函数；在 f1( )函数的执行过程中，当遇到调用 f2( )函数的语句时，又转去执行 f2( )函数；f2( )函数执行完毕返回 f1( )函数的调用点继续执行，f1( )函数执行完毕返回 main( )函数的调用点继续执行，直到整个程序结束。

【例 6.8】计算 $1^2+2^2+3^2+4^2+5^2$ 之和。

```c
#include <stdio.h>
int sqare(int n)              //定义求平方值函数
{
    int t;
    t=n*n;
    return(t);
}
int sum(int m)               //定义求和函数
{
    int i,s;
    s=0;
    for(i=1;i<=m;i++)
        s=s+sqare(i);         //调用求平方值函数
    return(s);
}
main()
{
    int p;
    p=sum(5);                //调用求和函数
    printf("result=%d\n",p);
}
```

程序运行结果：

result=55

该程序由主函数 main( )、求和函数 sum( )和求平方值函数 sqare( )组成。主函数 main( )先调用 sum( )函数，在 sum( )中又发生对 sqare( )函数的调用，同时把 i 值（i 值分别取 1，2，

3，4，5）作为实参传给 sqare( )，在 sqare( )中完成求 i 的平方值计算。sqare( )执行完毕，把 i 的平方值返回给 sum( )，在 sum( )中通过循环实现累加，计算出结果后返回主函数。

2. 函数的递归调用

一个函数在其函数体内直接或间接地调用自身，称为函数的递归调用。这是函数嵌套调用的一种特殊情况。在递归调用中，主调函数同时又是被调函数。执行递归函数将反复调用其自身，每调用一次就进入新的一层。例如函数 f( )定义如下：

```
int f(int n)
{
    int y;
    y=f(n-1);
    return y;
}
```

这是一个递归函数。但是运行该函数将无休止地调用其自身，这当然是不正确的。为了防止递归调用无终止地进行，在函数内必须有终止递归调用的语句。常用的方法是采用条件语句来控制，满足某种条件后就不再进行递归调用，然后逐层返回。这个条件称为递归结束条件。

构造递归函数的关键是寻找递归算法。例如，计算 n! 递归算法的数学表达式为：

$$n!=\begin{cases} 1 & n=0 \text{ 或 } n=1 \\ n\times(n-1)! & n>1 \end{cases}$$

满足递归算法的三个条件如下：

（1）有明确的递归结束条件。如在 n=0 或 n=1 的条件下，可以直接得出 n!=1，从而结束递归。

（2）要解决的问题总是可以转化为相对简单的同类问题。如 n!可转化为 n×(n-1)!,而(n-1)!是比 n!稍简单的同类问题。

（3）随着问题的逐次转换，最终能达到结束递归的条件。算法中的参数 n 在递归过程中逐次减少，必然会达到 n=0 或 n=1。

【例 6.9】用递归方法计算 n!。

```
#include <stdio.h>
long fac(int n)
{
    long f;
    if(n==1||n==0)  f=1;
    else
        f=n*fac(n-1);          //递归调用
    return(f);
}
main()
{
    int n;
    long y;
    scanf("%d",&n);
    y=fac(n);
    printf("%d!=%ld\n",n,y);
}
```

程序运行结果：

<u>4</u>↙
4!=24

运行该程序时，输入值为 4，即求 4!。在主函数中的调用语句即为 y=fac(4)，进入 fac( ) 函数后，由于 n=4，大于 1，故执行 f=n*fac(n-1)，即 f=4*fac(4-1)。该语句对 fac( ) 函数作递归调用，即调用 fac(3)，逐次展开递归。进行三次递归后，fac( )函数形参取得的值变为 1，故不再继续递归调用，而开始逐层返回主调函数，fac(1)的函数返回值为 1，fac(2)的返回值为 1*2=2，fac(3)的返回值为 2*3=6，最后返回 fac(4)的值为 6*4=24。其递归调用过程如图 6-3 所示。

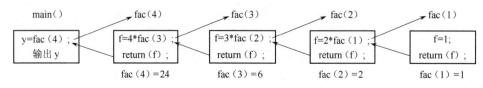

图 6-3　函数的递归调用示意图

6.3.3　编译预处理

C 语言系统提供了编译预处理功能。所谓编译预处理，是指在对源程序作正常编译之前，先对源程序中一些特殊的命令进行预先处理，产生一个新的源程序，然后再对新的源程序进行通常的编译，最后得到目标代码。这些在编译之前预先处理的特殊命令称为预处理命令。在 C 源程序中，所有预处理命令都以符号"#"开头，每条预处理命令单独占用一行，且尾部不加分号，以区别于 C 语言的语句。

引入编译预处理命令是为了简化 C 源程序的书写，便于大型软件开发项目的组织，提高 C 语言程序的可移植性和代码可重用性，方便 C 语言程序的调试等。例如，在源程序中调用一个库函数时，只需在调用位置之前用包含命令包含相应的头文件即可。

C 语言提供的预处理命令有宏定义、文件包含和条件编译三种。

6.3.3.1　宏定义

所谓宏定义是指用一个指定的标识符代表一个具有特殊意义的字符串。命令中的标识符称为宏名。在编译预处理时，对程序中出现的宏名，都用宏定义中的字符串去替换，这种将宏名替换成字符串的过程称为宏展开或宏代换。宏定义由源程序中的宏定义命令完成，宏代换则由预处理程序自动完成。

C 语言的宏定义可分为无参宏定义和带参宏定义两种。

1. 无参宏定义

无参宏的宏名后不带参数。其定义的一般形式为：

`#define　标识符　字符串`

其中，"define"是宏定义的关键字，"标识符"是程序中将使用的宏名，"字符串"是程序在执行时所使用的真正数据，可以是常量、表达式等。

前面介绍过的符号常量的定义其实就是一种无参宏定义。如：

`#define　PI 3.1415926`

它的作用是用指定的标识符 PI 代替"3.1415926"这个字符串。在编译预处理时，程序中在该命令以后出现的所有 PI 都用"3.1415926"代替。这样做的好处是见名知意、简化书写、方便修改。

【例 6.10】无参宏定义应用举例。

```
#include <stdio.h>
#define PRICE 100
main()
{
    int num,total;
    printf("input a number:");
    scanf("%d",&num);
    total=PRICE*num;
    printf("total=%d yuan\n",total);
}
```

程序运行结果：

```
input a number: 20√
total=2000 yuan
```

说明：

（1）宏名一般用大写字母表示，以区别于小写的变量名。

（2）宏定义不是 C 语句，在行尾不能加分号，如果加上分号则连分号也一起代换。例如：

```
#define PRICE 100;
…
total=PRICE*num;
```

经过宏展开后，该语句变为"total=100;*num;"，这显然会引起语法错误。

（3）宏定义可以出现在程序中的任何位置，但必须位于引用之前，通常将宏定义放在源程序的开始。宏名的作用域从宏定义命令开始到本源程序结束，在同一作用域内，不允许重复定义宏名。如要终止其作用域，可使用#undef 命令。例如：

```
#define PRICE 100
main()
{
    …
}
#undef PRICE
fun()
{…}
```

使用#undef 后，使得 PRICE 只在 main( )函数中有效，而在 fun( )函数中无效。

（4）宏代换时，只对宏名作简单的字符串替换，不进行任何计算和语法检查。若宏定义时书写不正确，会得到不正确的结果或编译时出现语法错误。例如：

```
#define PRICE 100
```

误写为：

```
#define PRICE 100ab
```

预处理时会把所有的 PRICE 替换成 100ab，而不管含义是否正确，语法有无错误。

（5）C 语言规定，对于程序中出现在字符串常量中的字符，即使与宏名相同，也不对其进行宏代换。如：

```
#define PRICE 100
```

...
```
printf("THE TOTAL PRICE IS:%d\n",PRICE);
```
输出结果为：
```
THE TOTAL PRICE IS:100
```
而不是以下结果：
```
THE TOTAL 100 IS:100
```

（6）宏定义允许嵌套，即在宏定义的字符串中可以使用已经定义的宏名，并且在宏展开时由预处理程序层层代换。如：
```
#define NUM 20
#define PRICE 100
#define TOTAL PRICE*NUM
...
printf("total=%d\n",TOTAL);
```
最后一个语句经过宏展开后为"printf("total=%d\n",100*20);"。

（7）宏定义与变量的定义不一样，宏定义只作字符替换，不分配内存空间。

2．带参宏定义

C 语言允许宏定义带有参数。在宏定义中的参数称为形参，在宏调用中的参数称为实参。对带参数的宏，在调用时，不仅要宏展开，而且要用实参去代换形参。

带参宏定义的一般形式为：

#define　标识符（形参表）　字符串

其中，"形参表"由一个或多个形参组成，当有一个以上的形参时，形参之间用逗号分隔。"字符串"应该含有形参名。如：
```
#define M(y)  y*y+3*y
...
k=M(5);
```
在宏调用时，用实参 5 去代替形参 y。宏展开后的语句为：
```
k=5*5+3*5;
```
带参宏常用来取代功能简单、代码短小、运行时间较短、调用频繁的程序代码。

【例 6.11】带参宏定义应用举例。
```
#include <stdio.h>
#define MAX(a,b) ((a)>(b)?(a):(b))
main()
{
   int x,y,z;
   x=10;
   y=20;
   z=10*MAX(x+1,y+1);
   printf("z=%d\n",z);
}
```
程序运行结果：
```
z=210
```
该程序经过预处理后，语句：z=10*MAX(x+1,y+1);变为：
```
z=10*((x+1)>(y+1)?(x+1):(y+1));
```
请读者思考：如果将宏定义中字符串的最外层圆括号去掉，即为：
```
#define MAX(a,b) (a)>(b)?(a):(b)
```

程序运行的结果是什么？

说明：

（1）带参宏定义中，宏名和形参表之间不能有空格出现。否则，C 语言编译系统将空格以后的所有字符均作为替代字符串，而将该宏视为无参宏。

（2）带参宏定义中，字符串内的形参通常要用括号括起来，以避免出错。如以下宏定义：

```
#define S(a) a*a
```

当调用"y=S(2+3);"时，将替换成"y=2+3*2+3;"，这显然与设计者的原意不符。应改为：

```
#define S(a) (a)*(a)
```

宏展开后的语句为"y=（2+3）*（2+3）;"，这样就达到了设计者的目的。

（3）带参宏和带参函数虽然很相似，但两者有本质区别，主要有：

1）函数调用时，先求出实参表达式的值，再传送给形参；而带参宏只是进行简单的字符替换，不进行计算。

2）函数中的形参和实参有类型要求，因为它们是变量；而宏定义与宏调用之间参数没有类型的概念，只有字符序列的对应关系。

3）函数调用是在程序运行时进行的，分配临时的内存单元，并占用运行时间；而宏调用在编译之前进行，不分配内存单元，不占用运行时间。

6.3.3.2　文件包含

文件包含是指一个程序文件将另一个指定文件的全部内容包含进来，使之成为源程序的一部分。文件包含在前面章节中已经多次出现，如"#include <stdio.h>"。

文件包含的一般形式为：

```
#include 〈文件名〉
```

或者

```
#include "文件名"
```

文件包含命令一般放在源文件的开始部分。包含命令中的文件名可以用双引号，也可以用尖括号。但是这两种形式是有区别的。使用双引号，系统先在本程序文件所在的磁盘和路径下寻找包含文件，若找不到，再按系统规定的路径搜索包含文件；如果用尖括号，则系统仅按规定的路径搜索包含文件。用户编程时可根据自己文件所在的目录来选择某一种命令形式。

文件包含在程序设计中很有用。一个大的程序通常分为多个模块，由多个程序员分别编程。有些共用的数据（如符号常量和数据结构）或函数可组成若干个文件，凡是要使用其中数据或调用其中函数的程序员，只要使用文件包含命令将所需文件包含进来即可，不必再定义它们，从而减少程序员的重复劳动。

【例 6.12】文件包含应用举例。

假如有下列两个源程序文件 file1.c 和 file2.c，它们的文件内容如下：

file1.c 文件内容：

```
int max(int a,int b)        //定义 max()函数
{
```

```
    int c;
    if(a>b)  c=a;
    else c=b;
    return(c);
}
```

file2.c 文件内容：

```
#include <stdio.h>
#include "f:\file1.c"          //文件包含命令
main()
{
    int x,y;
    scanf("%d,%d",&x,&y);
    printf("max=%d\n",max(x,y));
}
```

程序运行结果：

<u>8,6</u>✓

max=8

该例中，编译预处理把文件 file1.c 的内容插入到文件 file2.c 中命令行"#include "f:\file1.c""的位置，从而把 file2.c 和 file1.c 连成一个源文件。

在使用文件包含时，还应注意以下几点：

（1）一个 include 命令只能指定一个被包含文件，若有多个文件要包含，则需用多个 include 命令。

（2）文件包含允许嵌套，即在一个被包含的文件中又可以包含另一个文件。

（3）当一个源文件中包含了多个其他源文件时，一定要注意所有这些文件中不能出现相同的函数名或全局变量名，且只能有一个 main( )函数，否则编译时会出现重复定义的错误。

6.3.3.3　条件编译

一般情况下，C 源程序中所有的行都参加编译。而条件编译则是按条件对 C 源程序的一部分进行编译，其他部分不参与编译。利用条件编译，可以控制只对一部分内容进行编译，减少目标代码。当程序在不同的计算机系统运行时，可减少程序移植时对定义的修改，从而提高程序的可移植性和可维护性。

条件编译有三种形式：

1.　#ifdef　标识符

　　　程序段 1

　　#else

　　　程序段 2

　　#endif

或者

　　#ifdef　标识符

　　　程序段

　　#endif

功能：如果#ifdef 后面的标识符已经被#define 命令定义过，则编译程序段 1，否则编译程序段 2。如果没有#else 部分，则当标识符未定义时直接跳过#endif。

【例 6.13】条件编译应用举例一。

```
#define PRICE 20
#include <stdio.h>
main()
{
    #ifdef PRICE
            printf("PRICE is defined.\n");
    #else
            printf("PRICE is not defined.\n");
    #endif
}
```

程序运行结果：

```
PRICE is defined.
```

该例在编译时，由于一开始定义了宏名 PRICE，因此，经过条件编译后，被编译的程序清单如下：

```
#define PRICE 20
#include <stdio.h>
main()
{
    printf("PRICE is defined.\n");
}
```

2. #ifndef 标识符

　　　程序段 1

　#else

　　　程序段 2

　#endif

或者

　#ifndef 标识符

　　　程序段

　#endif

功能：如果#ifndef 后面的标识符没有被#define 定义过，则编译程序段 1；否则编译程序段 2。如果没有#else 部分，则当标识符已定义时直接跳过#endif。该形式与第一种形式的功能正相反。

对于[例 6.13]，也可以写成以下形式。

```
#define PRICE 20
#include <stdio.h>
main()
{
    #ifndef PRICE
        printf("PRICE is not defined.\n");
    #else
        printf("PRICE is defined.\n");
    #endif
}
```

程序运行结果和例[6.13]相同。

3. #if   表达式

　　程序段 1

　#else

　　程序段 2

　#endif

或者

　#if   表达式

　　程序段

　#endif

其功能是：如果表达式的值为真（非 0），则编译程序段 1；否则编译程序段 2。如果没有#else 部分，则当表达式的值为假（0）时，直接跳过#endif。

【例 6.14】条件编译应用举例二。

```c
#define F 1
#include <stdio.h>
main()
{
    float r,c,s;
    printf("input a number:\n");
    scanf("%f",&r);
#if F
    s=3.14*r*r;
    printf("area of circle is:%.2f\n",s);
#else
    c=2*3.14*r;
    printf("circumference of circle is: %.2f\n",c);
#endif
}
```

程序运行结果：

```
input a number:3.5
area of circle is:38.47
```

该例中，如果条件成立，就计算圆面积并输出，否则计算圆周长并输出。

虽然直接用 if 语句也能满足同样的要求，但是用 if 语句将会对整个源程序进行编译，生成的目标代码程序较长，而采用条件编译，可以减少被编译的语句，从而减小目标程序的长度。

6.4　本　章　小　结

函数是 C 语言中重要的概念，也是程序设计的重要手段。本章重点介绍了结构化程序设计思想、函数的定义与调用、函数间的参数传递、变量的作用域、函数的嵌套与递归、编译预处理等内容。

（1）C 语言是通过函数实现模块化程序设计的。函数分为库函数和自定义函数，库函数由系统提供，可以直接调用，自定义函数需要用户定义。一般情况下所说的函数均为自定义函数。

（2）在函数中可以使用 return 语句来返回函数计算结果。若函数体中不包含 return 语句或直接使用"return;"语句，表示是无返回值函数，其函数类型应指定为 void。

（3）函数调用时，主调函数的参数称为"实参"，被调函数的参数称为"形参"，实参的类型、个数和顺序要与形参一致，才能正确地进行数据传递。虽然实参对形参的数据传递是单向的，但仍根据形参是普通数据还是地址，将函数调用分为传值调用和传址调用。

（4）根据变量的有效范围，将变量的作用域分为局部变量（内部变量）和全局变量（内部变量）。局部变量的作用域只限于定义它的函数或复合语句内，全局变量的作用域则从其定义位置开始，到本源文件结束。通过用 extern 作声明，可以将全局变量的作用域扩大到整个程序的所有文件。

（5）在 C 语言中，每一个变量都有两个属性：数据类型和存储类型。存储类型分为动态存储和静态存储。动态存储变量是在程序执行过程中，使用它时才分配存储单元，使用完毕立即释放。静态存储变量通常是在变量定义时就分配存储单元，并一直占有，直至整个程序运行结束才释放。形参属于动态存储方式，全局变量属于静态存储方式。

（6）C 语言不允许嵌套定义函数，但可以嵌套调用函数，即在调用一个函数的过程中，又调用另一个函数。如果调用自身则称为递归调用。在使用递归调用时需要注意，函数体内必须有终止递归调用的语句。

（7）C 语言中，所有预处理命令都以符号"#"开头，每条预处理命令单独占用一行，且尾部不加分号。预处理命令有宏定义、文件包含和条件编译三种。

6.5 习　题

一、单项选择题

1. 对于 C 语言函数，下列叙述中正确的是（　　　）。
   A．函数的定义不能嵌套，但函数调用可以嵌套
   B．函数的定义可以嵌套，但函数调用不能嵌套
   C．函数的定义和调用都不能嵌套
   D．函数的定义和调用都可以嵌套

2. 凡是函数中未指定存储类型的局部变量，其隐含的存储类型为（　　　）。
   A．auto　　　　　　B．static　　　　　　C．extern　　　　　　D．register

3. 以下函数调用语句中含有（　　　）个实参。
   ```
   func((exp1,exp2),(exp3,exp4,exp5));
   ```
   A．1　　　　　　　B．2　　　　　　　　C．4　　　　　　　　D．5

4. C 语言允许函数值类型省略定义，此时该函数值隐含的类型是（　　　）。
   A．float　　　　　　B．int　　　　　　　C．long　　　　　　　D．void

5. 如果在一个函数中的复合语句内定义了一个变量，则关于该变量的作用域，正确的描述是（　　　）。
   A．只在该复合语句中有效　　　　　　　　B．在该函数中有效
   C．在本程序范围内均有效　　　　　　　　D．为非法变量

6. 下列程序的执行结果是（　　　　）。

```c
#include <stdio.h>
main()
{
    int a=1,b=1;
    a+=b+=1;
    {   int a=10,b=10;
        a+=b+=10;
        printf("b=%d  ",b);
    }
    a*=a*=b*10;
    printf("a=%d\n",a);
}
```

A. b=20 a=180
B. b=20 a=36
C. b=20 a=3600
D. b=20 a溢出

7. 下列程序的输出结果是（　　　　）。

```c
#include <stdio.h>
int  x,y;
one()
{
    int a,b;
    a=25;b=10;
    x=a-b;y=a+b;
    return;
}
main()
{
    int a,b;
    a=9;b=5;
    x=a+b;y=a-b;
    one( );
    printf("%d,%d\n",x,y);
}
```

A. 14,4　　　　　B. 15,35　　　　C. 4,14　　　　D. 35,15

8. 下面程序的输出结果是（　　　　）。

```c
#include <stdio.h>
fun3(int  x)
{
    static int a=3;
    a+=x;
    return(a);
}
main()
{
    int k=2,m=1,n;
    n=fun3(k);
    n=fun3(m);
    printf("%d\n",n);
}
```

A. 3　　　　　　B. 4　　　　　　C. 6　　　　　　D. 9

9. 下列格式中哪个是合法的（　　）。

    A．#define PI=3.1415926　　　　　　B．include "string.h"

    C．#include math.h;　　　　　　　　　D．#define　s(r) (r)*(r)

10. 在宏定义#define　PI　3.1415926 中，用宏名 PI 代替一个（　　）。

    A．常量　　　　　B．单精度数　　　C．双精度数　　　D．字符串

11. 以下程序的运行结果是(　　)。

```
#include <stdio.h>
#define PI 3.1415926
main()
{
    printf("PI=%f\n",PI);
}
```

    A．3.1415926=3.141593　　　　　　　B．PI=3.1415926

    C．3.1415926=PI　　　　　　　　　　　D．PI=3.141593

12. 以下程序的运行结果是(　　)。

```
#include <stdio.h>
#define f(x)  x*x
main()
{
    int i;
    i=f(4+4)/f(2+2);
    printf("%d\n",i);
}
```

    A．28　　　　　　　　B.22　　　　　　C．16　　　　　　　　D.4

13. 以下关于宏代换的叙述不正确的是（　　）。

    A．宏代换只是简单的字符替换　　　B．宏名无类型

    C．宏名必须用大写字母表示　　　　D．宏代换不占用程序的运行时间

二、填空题

1. 在 C 语言中，函数的形参隐含的存储类型说明是_____。

2. 对于有返回值的函数，要结束函数运行必须使用_____语句。

3. 函数按调用关系可分为_____和_____两种。

4. 按函数在程序中出现的位置来分，有三种函数调用方式_____、_____、_____。

5. 函数的递归调用是指_____。

6. 全局变量的作用域是从_____开始到_____结束。如果想提升全局变量的作用域，可以使用关键字_____声明。

7. C 语言提供的编译预处理命令有_____、_____、_____三种。

8. C 语言规定，预处理命令必须以_____开头。

9. 用来定义符号常量的预处理命令是_____。

10. C 语言规定，在源程序的一行上可以有_____条预处理命令。

11. 有以下宏定义：

```
#define WIDTH  80
#define  LENGTH WIDTH+40
```

则执行赋值语句：v=LENGTH*20;（v 为 int 型变量）后，v 的值是_____。

12. 下列程序的运行结果是_____。

```c
#include <stdio.h>
long fun5(int n)
{
    long s;
    if ((n==1)||(n==2))  s=2;
    else s=n+fun5(n-1);
    return(s);
}
void main( )
{
    long x;
    x=fun5(4);
    printf("%ld\n",x);
}
```

13. 下面 add 函数的功能是求两个参数的和, 并且和值返回调用函数。 函数中错误的部分是 _____, 改正后为 _____。

```c
void add(float a,float b)
{
    float c;
    c=a+b;
    return(c);
}
```

14. 下列程序的运行结果为_____。

```c
#include <stdio.h>
#define  VAL1  1
#define  VAL2  2
main()
{
    int flag;
    #ifdef   VAL1
        flag=VAL1;
    #else
        flag=VAL2;
    #endif
    printf("flag=%d\n",flag);
}
```

三、编程题

1. 求 1! +2! +3! +…+10!。要求编写一个求 N 的阶乘的函数。

2. 写一个判断素数的函数, 在主函数中输入一个整数, 输出是否是素数的信息。

3. 计算一个圆柱体体积, 分别用函数和全局变量实现, 由主函数输入数据并输出结果。

4. 用递归方法实现下面的程序设计。

有 5 个人坐在一起, 问第 5 个人多少岁？他说比第 4 个人大 2 岁; 问第 4 人的岁数, 他说比第 3 个人大 2 岁; 问第 3 个人, 又说比第 2 个人大 2 岁; 问第 2 个人, 又说比第 1 个人大 2 岁; 最后问第 1 个人, 他说是 10 岁。请问第 5 个人有多大？

第7章 项目中数组的应用

在前面的章节中，我们学习了 C 语言的基本数据类型（整型、实型、字符型），通过这些数据类型可以描述和处理一些简单的问题。但是在实际问题中往往需要面对成批的数据，如果仍用基本数据类型来进行处理，就很不方便，甚至是不可能的。例如，一个班有 50 名学生，要求按某门课程成绩排名。如果利用前面学习的变量类型表示学生成绩，需设置 50 个简单变量来表示学生成绩，而且各变量之间相互独立，在设计程序时很难对这组数据进行统一处理。而如果使用数组来存放 50 名学生的成绩，就可以利用循环很方便地处理这个问题。

数组是指一组数目固定、数据类型相同的若干元素的有序集合，使用统一的数组名和不同的下标来唯一表示数组中的每一个元素。在许多场合，使用数组可以缩短和简化程序，因为可以利用下标值设计循环，高效地处理各种情况。

本章将结合项目中学生成绩统计和密码验证的实现，介绍一维数组、字符数组和二维数组的概念、定义和使用方法。

学习目标：
- 理解和掌握一维数组的概念、定义、存储与初始化；
- 理解和掌握数组元素和数组名作函数参数时的区别与联系；
- 理解和掌握字符数组的概念、定义、初始化及输入输出方法；
- 掌握常用的字符串处理函数；
- 理解和掌握二维数组的概念、定义与存储。

7.1 任务二 用一维数组实现项目中学生成绩的统计

1. 任务描述

在 6.1 节任务一中，除显示主菜单函数 MainMenu( )外，其他函数均用一条输出语句来实现。该任务要求用一维数组实现各函数，包括输入学生成绩函数 InputScore( )、显示学生成绩函数 DisplayScore( )、统计总分和平均分函数 SumAvgScore( )、统计最高分和最低分函数 MaxMinScore( )、统计各分数段人数函数 GradeScore( )。

2. 任务涉及知识要点

该任务涉及到的新知识点主要有一维数组，其具体内容将在 7.2 节的理论知识中进行详细介绍。

3. 任务分析

要实现学生成绩的统计，首先要考虑的一个问题就是学生成绩的存储。该任务用一个整型数组 stu_score[ ]来存储学生成绩，并在程序的开始设置了一个符号常量 MAXSTU，它用于定义数组的最大长度，即最多学生人数。假设学生不超过 30 人，则 MAXSTU 代表 30。

在学生成绩统计项目中，除密码验证函数 PassWord( )和主菜单显示函数 MainMenu( )外，其他函数均用到数组 stu_score[ ]。有两种方法实现该数组的访问，一种方法是将该数组定义为全局变量，每个函数均可直接访问数组。另一种方法是将该数组定义为局部变量，利用实参和形参的数据传递，实现对学生成绩数据的访问。若采用第一种方法，函数之间的联系增大，数据的安全性很难保证。因此，该任务采用第二种方法，在主函数中将整型数组 stu_score[ ]定义为一个局部变量，数组元素的下标对应学生的学号；再定义一个局部变量 stu_count，存放学生的实际人数（即数组的实际长度）。在进行函数调用时，将数组 stu_score[ ]和数组实际长度 stu_count 作为实参，传递给其他函数的形参，从而实现对学生成绩数据的访问。

4. 任务实现

各函数的定义分别为：

（1）输入学生成绩函数

```c
int InputScore(int score[])
{
    int i;
    printf("\n\t\t  请输入学生成绩(输入-1 退出)\n");
    for(i=0;i<MAXSTU;i++)
    {   printf("\t\t  第%d 个学生的成绩: ",i+1);
        scanf("%d",&score[i]);
        if(score[i]==-1)
            break;
    }
    return(i);                        //返回实际学生人数
}
```

（2）显示学生成绩函数

```c
void DisplayScore(int score[],int n)
{
    int i;
    printf("\n\t\t  学生成绩显示如下: ");
    printf("\n\t\t  学生序号      成绩");
    for(i=0;i<n;i++)
        printf("\n\t\t      %d          %d",i+1,score[i]);
    return;
}
```

（3）统计课程总分和平均分函数

```c
void SumAvgScore(int score[],int n)
{
    int i,sum=0;
    float average=0;
    for(i=0;i<n;i++)
        sum=sum+score[i];
    average=(float)sum/n;
    printf("\n\t\t  课程的总分为%d,平均分为%.2f\n",sum,average);
    return;
}
```

（4）统计课程最高分和最低分函数

```
void MaxMinScore(int score[],int n)
{
    int i,max=0,min=0;
    max=score[0];
    min=score[0];
    for(i=1;i<n;i++)
    {
        if(score[i]>max)
            max=score[i];
        if(score[i]<min)
            min=score[i];
    }
    printf("\n\t\t  课程的最高分为%d,最低分为%d\n",max,min);
    return;
}
```

（5）统计课程各分数段人数函数

```
void GradeScore(int score[],int n)
{
    int i;
    int grade90_100=0;                  //等级为"优"的人数
    int grade80_90=0;                   //等级为"良"的人数
    int grade70_80=0;                   //等级为"中"的人数
    int grade60_70=0;                   //等级为"及格"的人数
    int grade0_59=0;                    //等级为"不及格"的人数
    for(i=0;i<n;i++)
    {
        switch(score[i]/10)
        {
            case 10:
            case 9: grade90_100++;break;
            case 8: grade80_90++;break;
            case 7: grade70_80++;break;
            case 6: grade60_70++;break;
            default:grade0_59++; break;
        }
    }
    printf("\n\t\t  等级为优的人数为：%d",grade90_100);
    printf("\n\t\t  等级为良的人数为：%d",grade80_90);
    printf("\n\t\t  等级为中的人数为：%d",grade70_80);
    printf("\n\t\t  等级为及格的人数为：%d",grade60_70);
    printf("\n\t\t  等级为不及格的人数为：%d",grade0_59);
    return;
}
```

程序说明：

（1）为了节省篇幅，在此只给出每个函数的定义，其在主函数 main( )中的调用，请参见 6.1 节任务一中的任务实现，在此不再重复。

（2）在调用每个函数时，需要将数组名 stu_score[ ]作为实参，数组名即数组的首地址，实参向形参传递的是一个地址，这是一种传址调用。如果采用这种方式进行函数调用，实参数组 stu_score[ ]将和形参数组 score[ ]共用一组连续的存储单元，函数调用结束返回主函数时，形参数组 score[ ]的值就会保留在实参数组 stu_score[ ]中。关于数组名作函数参数的具体用法，将在 7.2 节的理论知识中进行详细介绍。

（3）考虑到知识点的完整性，项目中的密码验证函数 PassWord( )将在学习字符数组时再进行完善。

（4）该任务中的每个函数还可以用指针来实现，具体内容将在第 8 章进行详细介绍。

5. 要点总结

访问数组元素时，如果下标的取值超出该数组定义的长度范围，称为下标越界，属于非法访问。需要特别注意的是，C 语言把下标越界检查的任务交给程序员，希望程序员在编程时严格把关，而系统不做任何检查。因此，使用数组编写程序时，应避免数组下标越界。

7.2 理 论 知 识

7.2.1 一维数组

一维数组用一维顺序结构关系将一组具有相同数据类型的数据元素组织起来，在内存中占有连续的存储空间。一维数组也称为向量。

7.2.1.1 一维数组的定义

在 C 语言中，使用数组同样遵循"先定义，后使用"的原则。

一维数组定义的一般形式为：

类型说明符　数组名[常量表达式]；

例如：

```
int  a[5];          //定义一个整型数组 a[]，共有 5 个元素
```

和普通变量一样，定义一个数组后，系统会在内存中分配一块连续的存储区域来存放数组的元素，每个元素占据存储空间的大小与同类型的简单变量相同。对于上面定义的数组 a[ ]，其元素在内存中存放的形式如图 7-1 所示。

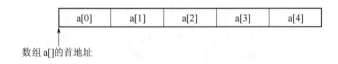

数组 a[]的首地址

图 7-1　数组元素在内存中的存储

C 语言规定，数组名代表数组在内存中的首地址，即 a 和&a[0]相当。

说明：

（1）"类型说明符"可以是任意一种基本数据类型或构造数据类型。

（2）"数组名"是一个标识符，其命名规则符合标识符的规定。

（3）"常量表达式"要用方括号括起来，不能使用圆括号或花括号。

（4）"常量表达式"表示数组元素的个数，即数组长度。可以包括常量和符号常量，但不能包含变量。如：

```
int n;
scanf("%d",&n);
int a[n];
```

数组定义语句中，数组 a[ ] 的长度依赖于程序运行过程中变量 n 的值，这种定义数组的方式是错误的。

（5）允许在同一个类型说明中，说明多个数组和多个变量，它们之间用逗号分开，如：

```
int a[10],m[5],y;
```

定义了数组 a[ ],m[ ] 和简单变量 y，它们都是整型。

7.2.1.2　一维数组元素的引用

C 语言规定，对于数值型数组，只能逐个引用数组元素，而不能一次引用整个数组。

数组元素的引用形式为：

数组名[下标表达式]

说明：

（1）"下标表达式"表示数组元素在数组中的位置，可以是整型常量、整型变量或整型表达式，其值均为非负整数。

（2）C 语言规定，数组元素下标从 0 开始，最大下标为数组长度减 1。例如，num[5] 表示数组有 5 个元素，下标从 0 开始，5 个元素分别为 num[0]，num[1]，num[2]，num[3]，num[4]。注意不能使用 num[5]，因其下标已越界，即超出了最大下标取值。

【例 7.1】 数组元素引用举例。

```
#include <stdio.h>
main()
{
    int i,a[10];
    for(i=0;i<10;i++)
        a[i]=i;
    for(i=9;i>=0;i--)
        printf("%2d",a[i]);
}
```

程序运行结果：

```
9 8 7 6 5 4 3 2 1 0
```

该程序使 a[0]~a[9] 的值为 0~9，然后按逆序输出。

7.2.1.3　一维数组赋初值

一维数组赋初值可以在定义数组时进行，即在编译阶段进行，也可以在运行期间，用赋值语句或输入语句使数组元素得到初值。

1. 在定义数组时赋初值

（1）对全部数组元素赋初值。例如：

```
int a[6]={1,2,3,4,5,6};
```

其中，数组元素的个数和花括号中初值的个数相同，并且花括号中的初值从左到右依次赋给每个数组元素，即 a[0]=1，a[1]=2，a[2]=3，a[3]=4，a[4]=5，a[5]=6。

对全部数组元素赋初值时，可以省略数组长度。例如：

```
int a[]={10,20,30,40,50};
```

省略数组长度时，系统将根据初值的个数确定数组长度。上述花括号内共有 5 个初值，说明数组 a[ ]的元素个数为 5，即数组长度为 5。

（2）对部分数组元素赋初值。例如：

```
int  a[10]={0,1,2,3,4};
```

此语句定义数组 a[ ]有 10 个元素，但花括号中只提供了 5 个初值，表示只给前 5 个数组元素 a[0]～a[4]赋初值，后面 5 个元素 a[5]～a[9] 系统自动赋 0。

对部分数组元素赋初值时，数组长度不能省略。

2. 用赋值语句或输入语句赋初值

在程序执行过程中，用赋值语句或输入语句给数组元素赋初值的方法称为动态赋值。如：

```
int i,a[10];
for(i=0;i<10;i++)
    a[i]=i;                     //用赋值语句给数组元素赋值
```

或

```
int i,a[10];
for(i=0;i<10;i++)
    scanf("%d", &a[i]);         //用输入语句给数组元素赋值
```

C 语言除了在定义数组时可以为数组整体赋值之外，不能在其他情况下对数组整体赋值。下面的用法是错误的。

```
for(i=0;i<10;i++)
    scanf("%d",a);
```

7.2.1.4 一维数组的应用

一维数组的应用范围很广，在 7.1 节任务二中已经用一维数组实现了学生成绩的统计，这里主要讨论一维数组的排序问题。

【例 7.2】用冒泡法对 10 个数按从小到大的顺序排序。

冒泡法排序的基本思路（以升序为例）：首先比较序列中第一个数与第二个数，若为逆序，则交换两数，然后比较第二个数与第三个数，依次进行下去，直到对最后两个数进行了比较和交换。这是第一趟排序过程，结果把最大数交换到最后位置。最后一个数不再参加排序。然后在剩余数组成的序列中进行第二趟排序，第二趟排序结束后，就可将次大数移至倒数第二的位置上，如此继续，直到排序结束。在整个排序过程中，较大的数逐渐从前向后移动，其过程类似水中气泡上浮，故称冒泡法。

五个数 5，2，7，9，1 进行冒泡排序的过程如图 7-2 所示。

从五个数进行冒泡排序的过程可以推知，如果有 n 个数，则要进行 n-1 趟比较。在第一趟中要进行 n-1 次两两比较，在第二趟中要进行 n-2 次两两比较，在第 i 趟中要进行 n-i 次两两比较。

	a[0]	a[1]	a[2]	a[3]	a[4]
初始状态：	5	2	7	9	1
第一趟结束：	2	5	7	1	9
第二趟结束：	2	5	1	7	9
第三趟结束：	2	1	5	7	9
第四趟结束：	1	2	5	7	9

大数逐渐向后移动

图 7-2　冒泡法排序过程

程序如下：

```
#include <stdio.h>
main()
{
    int a[10];
    int i,j,t;
    printf("请输入 10 个整数：");
    for(i=0;i<10;i++)
```

```
        scanf("%d",&a[i]);
   for(i=1;i<10;i++)                    //外循环，控制比较趟数
      for(j=1;j<=10-i;j++)              //内循环，控制每趟比较次数
         if(a[j-1]>a[j])               //相邻两数比较和交换
         { t=a[j-1];
           a[j-1]=a[j];
           a[j]=t;
         }
   printf("排序后结果：");
   for(i=0;i<10;i++)
      printf("%3d",a[i]);
}
```

程序运行结果：

请输入 10 个整数：<u>2 4 10 8 3 6 13 11 5 9</u>↙

排序后结果：2　3　4　5　6　8　9　10　11　13

因为 C 语言数组的下标从 0 开始，所以为了便于数组元素的下标表示，该例中灰色部分的程序段也可写成以下形式：

```
for(i=1;i<10;i++)
   for(j=0;j<10-i;j++)
      if(a[j]>a[j+1])
      { t=a[j];
        a[j]=a[j+1];
        a[j+1]=t; }
```

7.2.2　一维数组作函数参数

在第 6 章中已经介绍了普通变量作函数参数的情形，此外，数组也可以作函数参数。数组作函数参数有两种形式：一种是数组元素作函数参数；另一种是数组名作函数参数。在此只介绍一维数组作函数参数的情况。

7.2.2.1　数组元素作函数参数

数组元素只能作函数的实参，其用法与普通变量完全相同，在进行函数调用时，把数组元素的值传送给形参，实现单向值传送。

【例 7.3】一个数组中有三个元素，求它们的和。

```
#include <stdio.h>
int fun(int a,int b,int c)
{
   int t;
   t=a+b+c;
   return(t);
}
main()
{
   int a[3];
   int i,sum;
   for(i=0;i<3;i++)
      scanf("%d",&a[i]);
   sum=fun(a[0],a[1],a[2]);
   printf("sum=%d\n",sum);
}
```

程序运行结果：

<u>3 4 5</u>✓
sum=12

该例中，主函数 main( ) 在调用 fun( ) 函数时，将数组元素 a[0]，a[1]，a[2] 的值分别传给 fun( ) 函数的形参 a，b，c，并将求和结果 t 的值返回 main( ) 函数，赋给变量 sum，然后输出。

7.2.2.2 数组名作函数参数

在 C 程序中，经常需要把数组的全部元素传递到另一个函数中处理。当数组元素较多时，如果仍采用传值方式，把数组的每个元素作为一个参数传递到另一个函数中，必然要使用大量的参数。此时，若采用数组名作函数参数，可以很好地解决数组中大量数据在函数间的传递问题。

数组名作函数参数时，既可以作形参，也可以作实参，要求形参和相对应的实参都必须是类型相同的数组或指向数组的指针变量（指针的概念将在第 8 章中介绍），并且都必须有明确的数组定义。

【例 7.4】一个数组中有 10 个元素，求它们的累加和。

```c
#include <stdio.h>
int fun(int b[10])
{
    int i,t=0;
    for(i=0;i<10;i++)
        t=t+b[i];
    return(t);
}
main()
{
    int a[10]={3,4,2,1,5,7,8,3,2,9};
    int i,sum;
    sum=fun(a);                    //调用 fun()函数
    printf("sum=%d\n",sum);
}
```

程序运行结果：

sum=44

该例中，主函数 main( ) 调用 fun( ) 函数时，用数组名 a 作为函数实参，不是把数组 a[ ] 的值传递给形参数组 b[ ]，而是把实参数组 a[ ] 的首地址传送给形参数组 b[ ]，这样 a[ ] 和 b[ ] 两个数组就共占同一段内存单元。在 fun( ) 函数中，表面上是对形参数组 b[ ] 中的元素求和，实际上也是对实参数组 a[ ] 中的元素求和。两个数组共占存储单元的示意图如图 7-3 所示。

[例 7.4] 中的 fun( ) 函数还可改为以下形式：

```c
#include <stdio.h>
int fun(int b[],int n)
{
    int i,t=0;
    for(i=0;i<n;i++)
        t=t+b[i];
```

实参数组		形参数组
a[0]	3	b[0]
a[1]	4	b[1]
a[2]	2	b[2]
a[3]	1	b[3]
a[4]	5	b[4]
a[5]	7	b[5]
a[6]	8	b[6]
a[7]	3	b[7]
a[8]	2	b[8]
a[9]	9	b[9]

图 7-3 实参数组和形参数组
共用存储单元

```
    return(t);
}
```

即定义 fun( )函数时，不限定形参数组 b[ ]的元素个数，有关元素个数的信息通过形参表中另一个参数 n 传递。这样做的好处是数组的长度可变，可以对任意大小的数组求和，提高了函数的通用性。如该例中，如果将函数调用语句"fun(a,10);"改为"fun(a,5);"，则只对数组 a 的前 5 个元素求和。

注意：在定义函数时，即使限定了形参数组的元素个数，也没有什么意义，因为 C 编译系统对形参数组大小不做语法检查，在调用函数时，只是将实参数组的首地址传递给形参数组。

从这种传址方式可以看出，形参数组中各元素的值如果发生变化，实参数组元素的值也会同时发生变化。利用这一特点，可以实现数组的排序、更新等操作。

【例 7.5】分析以下程序的运行结果。

```
#include <stdio.h>
void fun(int b[],int n)
{
    int i,t;
    for(i=0;i<n/2;i++)
    {
        t=b[i];
        b[i]=b[n-i-1];
        b[n-i-1]=t;
    }
}
main()
{
    int a[10]={1,2,3,4,5,6,7,8,9,10};
    int i;
    for(i=0;i<10;i++)
        printf("%3d",a[i]);
    printf("\n");
    fun(a,10);
    for(i=0;i<10;i++)
        printf("%3d",a[i]);
}
```

程序运行结果：

```
1 2 3 4 5 6 7 8 9 10
10 9 8 7 6 5 4 3 2 1
```

该例中，fun( )函数的功能是逆序数组 b[ ]中的所有元素。在调用 fun( )函数时，形参数组 b[ ]和实参数组 a[ ]共占同一段内存单元，当 fun( )函数中数组 b[ ]发生改变时，实参数组 a[ ]也随之发生变化。

7.3　任务三　用字符数组实现项目中的密码验证

1. 任务描述

用字符数组实现项目中的密码验证函数 PassWord( )。该函数被调用时，应提示用户输入密码，如果密码不正确，则允许重新输入，但最多允许输入 3 次，若 3 次输入的密码均错，就立即结束程序；如果密码正确，则显示"欢迎使用学生成绩统计系统!"，并进入系统主菜单。

2. 任务涉及知识要点

该任务涉及到的新知识点主要有字符数组，其具体内容将在 7.4 节的理论知识中进行详细介绍。

3. 任务分析

该任务的关键是密码输入。一个良好的密码输入程序是在用户输入密码时不显示密码本身，只回显"*"；或者，在安全性要求更高的某些程序中，不显示任何内容。在 C 语言中，实现密码输入需要用到字符输入函数，前面已经介绍过 getchar( )和 getch( )字符输入函数，但 getchar( )函数在输入的同时显示输入内容，并由回车终止输入。为了不显示输入内容，可以使用 getch( )函数，它包含在"conio.h"头文件中，该函数可以在输入的同时不显示输入内容，并在输入完成后不需回车而自动终止输入。另外，在屏幕上显示"*"，可以使用"putchar('*');"。这样由 getch( )和 putchar( )两个函数配合使用，就实现了密码输入。

4. 任务实现

密码验证函数的定义为：

```
void PassWord()
{
    char pwd[21]="";                    //定义字符数组存储密码
    char ch;
    int i,j;
    system("cls");                      //清屏
    for(i=1;i<=3;i++)                   //i 控制密码输入的次数
    {
        printf("\n\t\t 请输入密码:");
        j=0;
        while(j<20 && (ch=getch())!='\r')  //'\r'表示回车符
        {
            pwd[j++]=ch;
            putchar('*');               //在屏幕上回显"*"
        }
        pwd[j]='\0';                    //添加字符串结束标志'\0'
        if(strcmp(pwd,"123456")==0)     //密码正确的情况
        {
            system("cls");
            printf("\n\t\t 欢迎使用学生成绩统计系统!\n");
            getch();                    //屏幕暂停，按任意键继续
            break;
        }
        else                            //密码错误的情况
            printf("\n\t\t 密码错误!\n");
    }
    if(i>3)
    {
        printf("\n\t\t 密码输入已达 3 次，您无权使用该系统，请退出!\n");
        exit(0);
    }
    return;
}
```

程序说明：

（1）为了降低难度，在此只给出字符数组下标的越界检查，没有考虑错误输入的删除，有关错误输入删除的实现，请参见附录 V 中的学生信息管理系统源程序代码。

（2）需要注意，在判断输入密码和初始密码是否相等时，不能将判断条件 strcmp(pwd,"123456")==0，写成 pwd[20]=="123456"或 pwd=="123456"或 pwd="123456"的形式。

（3）该例中密码的长度限制为 20 个字符，由于字符串要有结束标志'\0'，故数组 pwd[ ]定义的长度为 21。

（4）当使用 strcmp( )函数时，要在程序的开头加上预处理命令"#include <string.h>"。

5. 要点总结

由于目前还没有学习文件的内容，所以只能将初始密码放在源程序中。在实际使用时，为了增加安全性，可将初始密码进行加密处理后存放在另一个文件中，通过读文件操作进行解密处理和密码验证。有关文件的内容将在第 10 章中进行详细介绍。

7.4　理论知识　字符数组

存放字符数据的数组称为字符数组。字符数组也有一维、二维和多维之分，可以使用前面介绍的方法定义和使用字符数组。但字符数组通常用于存放字符串，又有其特殊性。

7.4.1　字符数组的定义

字符数组的定义与一般数组相同。一维字符数组定义的一般形式为：

char　数组名［常量表达式］

二维字符数组定义的一般形式为：

char　数组名［常量表达式 1］［常量表达式 2］

例如：

```
char   c[5];
```

定义了一个一维字符数组 c[ ]，共有 5 个字符元素，占用 5 个字节内存。

7.4.2　字符数组的初始化

在定义字符数组时，可对字符数组的元素进行初始化，方法有以下两种。

1. 用字符初始化

即在花括号中依次列出各个字符，字符之间用逗号隔开。例如：

```
char   c[5]={ 'C','h','i','n','a'};
```

则 c[0]='C', c[1]='h', c[2]='i', c[3]='n', c[4]='a'。

如果花括号中提供的初值个数大于数组长度，则作语法错误处理。如果初值个数小于数组长度，则只将这些字符赋给数组中前面那些元素，其余的元素自动定为空字符(即'\0')。例如：

```
char   b[5]={ 'a','b','c','d'};
```

则 b[4]自动赋为'\0'。

当对全部元素赋初值时也可省去长度说明。例如：

```
char    s[ ]={ 's','t','u','d','e','n','t'};
```
字符数组 s[]的大小由系统根据初值的个数来确定,此处 s[]的元素个数为 7。

2. 用字符串初始化

即用双引号括起来的一个字符串作为字符数组的初值。例如:
```
char    c[6]={ "China" };
```
可写成:
```
char    c[6]= "China";
```
或省去字符数组的长度,写成:
```
char    c[ ] = "China";
```
其初始化效果与第一种方法有所不同,系统会在字符串常量后自动添加一个字符串结束符'\0'。因此,对字符数组初始化时,用字符串方式比用字符方式(在字符个数相同的情况下)要多占一个字节。用字符串方式初始化时,字符数组 c[ ]在内存中的实际存储情况如图 7-4 所示。

C[0]	C[1]	C[2]	C[3]	C[4]	C[5]
'C'	'h'	'i'	'n'	'a'	'\0'

图 7-4 字符数组 c[ ]在内存中的存储

注意:不能用字符串常量对字符数组整体赋值,只能在定义字符数组并初始化时整体赋值。下面的用法是错误的:
```
char c[10];
c="good";
```
用字符串初始化字符数组是最常用的方法。与字符方式初始化相比,它的表达简洁,可读性强。另外,系统在字符串后面自动添加的结束符'\0',也为字符串数据的处理设置了明确的边界。

7.4.3 字符数组的输入和输出

字符数组的输入和输出通常有两种方法,一种是逐个字符输入输出;另一种是整个字符串输入输出。下面分别介绍。

1. 逐个字符输入输出

用字符输入输出函数 getchar( )和 putchar( ),或用标准输入输出函数 scanf( )和 printf( )中的格式符"%c",结合循环实现逐个字符输入输出。

【例 7.6】用"%c"格式逐个字符输入输出。
```
#include <stdio.h>
main()
{
    char c[12];
    int i;
    printf("Input string:");
    for(i=0;i<12;i++)
        scanf("%c",&c[i]);          //或写成: c[i]=getchar();
    for(i=0;i<12;i++)
        printf("%c",c[i]);          //或写成: putchar(b[i]);
}
```

程序运行结果：
Input string:How are you!↙
How are you!

2. 整个字符串输入输出

（1）用 scanf( )和 printf( )中的格式符"%s"，实现整个字符串的输入输出。

【例 7.7】使用"%s"格式输入输出整个字符串。

```
#include <stdio.h>
main()
{
    char str[20];
    printf("Input string:");
    scanf("%s",str);
    printf("%s",str);
}
```

程序运行结果：
Input string:Hello! ↙
Hello!

说明：

1）用"%s"格式输入字符串时，系统会在输入的有效字符后面自动附加一个'\0'作为字符串结束标志。

2）在 C 语言中，数组名代表该数组的起始地址。因此，scanf( )和 printf( )函数用"%s"格式整体输入输出字符串时，输入项和输出项均用数组名，并且 scanf( )函数中不需要地址运算符&。如[例 7.7]中的"scanf("%s",str);"不能写成"scanf("%s",&str);"。

3）printf( )函数用"%s"格式输出一个字符串时，要求字符数组一定以'\0'结尾。若一个字符数组中有多个'\0'，则遇到第一个时就结束。要想输出第一个'\0'之后的字符，只能用"%c"格式逐个字符输出。

4）用 scanf( )函数输入字符串时，以空格或回车作为字符串的结束标志。如运行[例 7.7]时，如果输入的字符串为：

How are you!

则输出结果为：How

后面的 are you 不能输入到 str 中。

（2）用 gets( )和 puts( )函数实现整个字符串的输入输出。

1）gets( )函数

调用形式：gets(字符数组名);

功能：从键盘输入一个字符串到字符数组中，直到遇到换行符，换行符本身不被接收，它被转换为'\0'，并作为字符串的结束标志。用 gets( )函数输入的字符串中可以含有空格。

2）puts( )函数

调用形式：puts(字符数组名或字符串常量);

功能：在屏幕上输出一个字符串（必须以'\0'作为结束标志）。

【例 7.8】使用 gets( )和 puts( )函数输入输出整个字符串。

```
#include <stdio.h>
main()
{
```

```
char str[20];
printf("Input string:");
gets(str);
puts(str);
}
```

程序运行结果：

```
Input string:How are you! ↙
How are you!
```

可以看出，当输入的字符串中含有空格时，输出仍为全部字符串。说明 gets( ) 函数并不以空格作为字符串输入结束的标志，而只以回车作为输入结束的标志。这一点与 scanf( ) 函数不同。

注意：调用 gets( ) 函数和 puts( ) 函数时，要在程序的开头加上预处理命令："#include <stdio.h>"。

7.4.4 常用的字符串处理函数

C 语言提供了丰富的字符串处理函数，使用这些函数可大大减轻编程的负担。除前面介绍过的 gets( ) 函数和 puts( ) 函数外，下面再介绍几种常用的字符串处理函数，使用这些函数时，在程序的开头必须包含头文件 "string.h"。

1. 字符串复制函数 strcpy( )

调用形式：strcpy（字符数组 1,字符数组 2）

功能：将字符数组 2 中的内容复制到字符数组 1 中（包括结尾的字符'\0'）。

strcpy( ) 函数的第一个参数一般为字符数组，该字符数组要有足够的空间，以确保复制字符串后不越界；第二个参数可以是字符数组名，也可以是一个字符串常量。例如：

```
char str1[10],str2[]="China";
strcpy(str1,str2);
```

注意：不能使用赋值运算符 "=" 复制字符串。如上例中的 "strcpy(str1,str2); " 若写成 "str1=str2;"，则是错误的。

2. 字符串连接函数 strcat( )

函数调用形式：strcat(字符数组 1,字符数组 2)

功能：连接两个字符数组中的字符串，去掉字符数组 1 中的结束标志'\0',把字符数组 2 接到字符数组 1 的后面，结果放在字符数组 1 中。

例如：

```
char str1[30]="Hello";
char str2[]=" world";
printf("%s",strcat(str1,str2));
```

输出结果如下：

```
Hello world
```

注意：字符数组 1 应有足够的空间容纳两串合并后的内容。

3. 字符串比较函数 strcmp( )

函数调用形式：strcmp(字符数组 1,字符数组 2)

功能：将两个数组中的字符串按 ASCII 码值从左至右逐个字符进行比较，直到出现不同的字符或遇到'\0'为止。比较结果是该函数的返回值。

当字符数组 1 等于字符数组 2 时，返回值为 0；

当字符数组 1 大于字符数组 2 时，返回值为一个正整数；

当字符数组 1 小于字符数组 2 时，返回值为一个负整数。

例如：

```
printf("%d", strcmp("Book","Boat"));
```

输出结果为 14。

关于 strcmp( )函数的应用，请参见 7.3 节任务三中的密码验证函数 PassWord( )。

4. 求字符串长度函数 strlen( )

函数调用形式：strlen(字符数组)

功能：统计字符数组中字符串的长度（不含字符串结束标志'\0'），并作为函数返回值。

例如：

```
char  c[10]= "China";
printf("%d", strlen(c));
```

输出结果为 5。

也可以直接测试字符串常量的长度，如：strlen("China");

5. 大写字母转变为小写字母函数 strlwr( )

函数调用形式：strlwr(字符数组)

功能：把字符数组中的大写字母变成小写字母。

例如：

```
char str[]="HELLO";
printf("%s",strlwr(str));
```

输出结果为：hello

6. 小写字母转变为大写字母函数 strupr( )

函数调用形式：strupr(字符数组)

功能：把字符数组中的小写字母变成大写字母。

例如：

```
char str[]="hello";
printf("%s",strupr(str));
```

输出结果为：HELLO

7.4.5　字符数组的应用

【例 7.9】 编写一个程序，将两个字符串连接起来，不使用字符串连接函数。

```
#include <stdio.h>
#include <string.h>
main()
{
  char s1[40],s2[20];
  int i,j;
  printf("Input string1:");
  gets(s1);
  printf("Input string2:");
  gets(s2);
  i=0;
```

```
  while(s1[i]!='\0')  i++;              //计算数组 s1 中字符串的长度
  j=0;
  while(s2[j]!='\0')                    //将字符串 s2 接在字符串 s1 的后面
   {
     s1[i]=s2[j];
     i++;
     j++;
   }
  s1[i]='\0';
  printf("The new string is:%s",s1);
}
```

程序运行结果:

Input string1:Hello
Input string2:World!
The new string is:HelloWorld!

该例中，灰色部分的代码还可以写成如下更简洁的形式：

```
while(s2[j]!='\0')
  s1[i++]=s2[j++];
```

7.5 知识扩展 二维数组

前面介绍的数组只有一个下标，称为一维数组。C 语言允许构造多维数组，多维数组元素有多个下标，以标识它在数组中的位置。本小节只介绍二维数组，多维数组可由二维数组类推而得到。

7.5.1 二维数组的定义

二维数组定义的一般形式如下：

类型标识符 数组名[常量表达式 1][常量表达式 2]

二维数组的定义形式和一维数组基本相同，只不过它的常量表达式有两个，第一个表示二维数组的行数；第二个表示二维数组的列数。

例如：

int a[3][4];

定义了一个 3 行 4 列的二维数组，数组名为 a，数组元素的类型为整型，该数组的元素共有 3×4=12 个。

可以把 a 看作是一个一维数组，它有三个元素：a[0]，a[1]，a[2]。每个元素又是一个包含四个元素的一维数组，如图 7-5 所示。

二维数组的下标在两个方向上变化，其逻辑结构是二维的。但是，实际的硬件存储器却是连续编址，也就是说存储器单元是按一维线性排列的。在一维存储器中存放二维数组有两种方式：一种是按行存放，即先顺序存放第一行的元素，再顺序存放第二行的元素，依此类推；另一种是按列存放，即存放完第一列的元素之后再顺序存放其他列的元素。在 C 语言中，二维数组是按行存放的。数组 a[ ][ ]在内存中的存储如图 7-6 所示。

$$a[3][4]\begin{cases} a[0]\cdots\cdots a[0][0]\quad a[0][1]\quad a[0][2]\quad a[0][3] \\ a[1]\cdots\cdots a[1][0]\quad a[1][1]\quad a[1][2]\quad a[1][3] \\ a[2]\cdots\cdots a[2][0]\quad a[2][1]\quad a[2][2]\quad a[2][3] \end{cases}$$

图 7-5 一维数组扩展为二维数组示意图

7.5.2 二维数组的引用

二维数组元素的引用形式为：

数组名[行下标表达式][列下标表达式]

其中，行下标的取值范围是 0～行下标表达式减 1，列下标的取值范围是 0～列下标表达式减 1。如：

```
int  a[3][4];
```

二维数组 a[ ][ ]的行下标取值范围是 0～2，列下标取值范围是 0～3，最小下标元素是 a[0][0]，最大下标元素是 a[2][3]。a[3][2]，a[2*2-1][3]，a[3][2+2]均属对数组 a[ ][ ]的非法引用。

7.5.3 二维数组赋初值

二维数组同样可以在定义数组时赋初值，也可以用赋值语句或输入语句赋初值。

1. 在定义数组时赋初值

在定义数组时赋初值有以下四种形式：

（1）分行给二维数组元素赋初值。例如：

```
int  a[3][4]={{1,2,3,4},{5,6,7,8},{9,10,11,12}};
```

即把内层每个花括号内的数据分行赋给每一行的元素。

（2）全部数据写在一个花括号内，按数组元素的排列顺序对各元素赋初值。例如：

```
int  a[3][4]={1,2,3,4,5,6,7,8,9,10,11,12};
```

（3）对部分元素赋初值，其余元素自动为 0。例如：

```
int  a[3][4]={{1},{2},{3}};
```

它的作用是只对各行第一列的元素赋初值，其余元素值自动为 0，故相当于：

```
int  a[3][4]={{1,0,0},{2,0,0},{3,0,0}};
```

（4）给全部元素赋初值时，第一维的长度可以省略，但第二维的长度不能省略。例如：

```
int  a[][4]={1,2,3,4,5,6,7,8};
```

系统会自行判断，它根据数据的个数分配存储空间，一共 8 个数据，每行 4 列，可以确定为 2 行。

2. 用赋值语句或输入语句赋初值

二维数组一般通过两重循环改变行下标和列下标来对数组元素逐个访问。

例如：

```
int i,j,a[3][4];
for(i=0;i<3;i++)
    for(j=0;j<4;j++)
        a[i][j]=i+j;                    //用赋值语句给数组元素赋值
```

或者

```
int i,j,a[3][4];
for(i=0;i<3;i++)
    for(j=0;j<4;j++)
        scanf("%d", &a[i][j]);          //用输入语句给数组元素赋值
```

| a[0][0] |
| a[0][1] |
| a[0][2] |
| a[0][3] |
| a[1][0] |
| a[1][1] |
| a[1][2] |
| a[1][3] |
| a[2][0] |
| a[2][1] |
| a[2][2] |
| a[2][3] |

图 7-6　二维数组元素在内存中按行存放示意图

7.5.4 二维数组的应用

在 7.1 节任务二中，用一维数组实现了某一门课程成绩的统计，如果要实现多门课程成绩的统计，则需要用到二维数组。限于篇幅，在此只给出每门课程的总分和平均分的统计，读者可参照此例，完成每个学生的总分和平均分以及每门课程的最高分、最低分和各分数段人数的统计。

【例 7.10】假设有 5 个学生，每个学生有 3 门课程的考试成绩。分别计算每门课程的总分和平均分。设各学生成绩如表 7-1 所示。

可设一个二维数组 score[5][3]，存放 5 个学生 3 门课程的成绩。再设两个一维数组 sum[3]和 ave[3]分别存放 3 门课程的总分和平均分。编程如下：

表 7-1　　学 生 成 绩 表

	课程 1	课程 2	课程 3
学生 1	78	77	85
学生 2	67	56	81
学生 3	88	89	78
学生 4	96	96	79
学生 5	68	66	85

```
#include <stdio.h>
main()
{
    int score[5][3];                        //存放 5 个学生的 3 门课成绩
    int sum[3]={0,0,0};                     //存放 3 门课程的总分
    float ave[3]={0,0,0};                   //存放 3 门课程的平均分
    int i,j;
    for(i=0;i<5;i++)                        //输入 5 个学生的 3 门课成绩
    {
        printf("请输入第%d 个学生的 3 门课成绩:",i+1);
        for(j=0;j<3;j++)
            scanf("%d",&score[i][j]);
    }
    for(j=0;j<3;j++)                        //j 为列数,控制课程门数
    {
        for(i=0;i<5;i++)                    //i 为行数,控制学生个数
            sum[j]=sum[j]+score[i][j];      //计算总分
        ave[j]=(float)sum[j]/5.0;           //计算平均分
    }
    for(j=0;j<3;j++)                        //输出总分和平均分
        printf("课程%d 的总分为%d,平均分为%.1f\n",j+1,sum[j],ave[j]);
}
```

程序运行结果：

请输入第 1 个学生的 3 门课成绩:<u>78　77　85</u>↙

请输入第 2 个学生的 3 门课成绩:<u>67　56　81</u>↙

请输入第 3 个学生的 3 门课成绩:<u>88　89　78</u>↙

请输入第 4 个学生的 3 门课成绩:<u>96　96　79</u>↙

请输入第 5 个学生的 3 门课成绩:<u>68　66　85</u>↙

课程 1 的总分为 397,平均分为 79.4

课程 2 的总分为 384,平均分为 76.8

课程 3 的总分为 408,平均分为 81.6

请读者思考：如果在输入学生成绩的过程中，计算每门课程的总分和平均分，应该如何修改程序？

7.6　本章小结

数组是程序设计中最常用的数据结构。本章主要介绍了一维数组、字符数组和二维数组的定义、初始化和使用方法。

（1）数组是具有相同数据类型且按一定次序排列的数据的集合。根据下标的个数，数组可分为一维、二维和多维。数组必须先定义后使用。

（2）数组元素的位置用下标来指定。在 C 语言中，下标从 0 开始，最大下标即为数组定义中规定的长度减 1。使用数组时，要防止下标越界。

（3）数组元素在内存中是顺序存放的。一维数组的元素按下标递增的顺序连续存放；二维数组中的元素则是按行存放。

（4）数组名是数组在内存中的首地址，是一个不能改变的量，又称地址常量。地址常量不能被赋值。

（5）可以在定义数组时给数组元素赋初值，也可以在运行期间，用赋值语句或输入语句使数组元素得到初值。

（6）存放字符数据的数组称为字符数组。当字符数组中存放的字符数据末尾处有自动结束标志符'\0'时，又称这种字符数组为字符串。字符串的操作有其特殊性，在程序中，字符串可以被当成一个整体进行引用。而数值型数组，则只能对数组元素进行操作，不能对数组进行整体引用。

7.7　习　　题

一、单项选择题

1．若有说明：int a[10]；则对 a[ ]数组元素的正确引用是（　　　）。

　　A．a[10]　　　　　　B．a[3.5]　　　　　C．a(5)　　　　　　D．a[10-10]

2．下面关于数组的叙述，正确的是（　　　）。

　　A．数组元素的数据类型都相同

　　B．数组不经过定义也可以使用

　　C．同一数组，允许有不同数据类型的数组元素

　　D．数组名等同于数组的第一个元素

3．对下面定义语句，正确的理解是（　　　）。

　　int a[10]={6,7,8,9,10};

　　A．将 5 个初值依次赋给 a[1]至 a[5]

　　B．将 5 个初值依次赋给 a[0]至 a[4]

　　C．将 5 个初值依次赋给 a[6]至 a[10]

　　D．因为数组长度与初值的个数不相同，所以此语句不正确

4. 以下定义数组的语句中正确的是（　　　）。

　　A．int a(10);　　　　　　　　　　　　B．char str[ ];

　　C．int n=5;　　　　　　　　　　　　　D．#define SIZE 10
　　　　int a[4][n];　　　　　　　　　　　　　char str1[SIZE],str2[SIZE+2];

5. 若有说明 int a[ ][3]={1,2,3,4,5,6,7};则 a 数组第一维的大小是（　　　）。

　　A．2　　　　　　　　B．3　　　　　　　C．4　　　　　　　D．无确定值

6. 下列语句中，正确的是（　　　）。

　　A．char str[ ]="Hello";

　　B．char str[ ];str="Hello";

　　C．char str1[5],str2[ ]={"Hello"};str1=str2;

　　D．char str1[5],str2[ ];str2={"Hello"};strcpy(str1,str2);

7. 设有如下形式的字符数组定义：
```
char str[ ]="Beijing";
```
则执行下列语句后输出结果为（　　　）。
```
printf("%d\n",strlen(strcpy(str,"Hello")));
```
　　A．6　　　　　　　　B．5　　　　　　　C．14　　　　　　　D．12

8. 设有如下程序段，则其运行结果为（　　　）。
```
#include <stdio.h>
main()
{
    int i,a[3][3]={1,2,3,4,5,6,7,8,9};
    for(i=0;i<3;i++)
        printf("%2d",a[i][2-i]);
}
```
　　A．1 5 9　　　　　　B．1 4 7　　　　　C．3 5 7　　　　　D．3 6 9

9. 判断字符串 s1 和 s2 是否相等，应当使用（　　　）。

　　A．if(s1==s2)　　　　　　　　　　　　B．if(s1=s2)

　　C．if(strcmp(s1,s2)==0)　　　　　　　D．if(strcpy(s1,s2))

10. 调用 strlen("abcd\0ef\0g")的结果为(　　　)。

　　A．4　　　　　　　　B．5　　　　　　　C．7　　　　　　　D．9

11. 数组名作为参数传递给函数，作为实参的数组名被处理成（　　　）。

　　A．该数组中各个元素的值　　　　　　B．该数组元素的个数

　　C．该数组的长度　　　　　　　　　　D．该数组的首地址

12. 有两个字符数组 a[40]，b[40]，则以下正确的输入语句是(　　　)。

　　A．gets(a,b);　　　　　　　　　　　　B．scanf("%s%s",a,b);

　　C．scanf("%s%s",&a,&b);　　　　　　D．gets("a");gets("b");

13. 下面对字符数组的描述中，错误的是(　　　)。

　　A．字符数组可以存放字符串

　　B．字符数组中的字符串可以整体输入输出

　　C．可以在赋值语句中通过赋值运算符"＝"对字符数组整体赋值

　　D．不可以用关系运算符对字符数组中的字符串进行比较

14. 当执行下面程序且输入"abcd"时，输出的结果是(　　　)。

```c
#include <stdio.h>
#include <string.h>
main()
{ char s1[10]="12345";
  char s2[10]="6789";
  strcat(s1,s2);
  gets(s1);
  printf("%s\n",s1);
}
```

A. abcd5　　　　　　　B. abcd　　　　　　C. abcd56789　　D. 12345abcd

15. 已知：int a[3][4]；则对数组元素的非法引用是(　　　)。

A. a[0][2*1]　　　　　B. a[1][3]　　　　C. a[4-2][0]　　D. a[0][4]

二、填空题

1. 在 C 语言中，判断字符串是否结束的标记是_____。

2. 在 C 语言中，二维数组元素在内存中的存放顺序是_____。

3. 已知数组 a 定义为 int a[4][5]；则 a 是一个_____行_____列的二维数组，总共有_____个元素，最大行下标是_____，最大列下标是_____。

4. 已知 s1，s2，s3 是三个有足够元素个数的字符串变量，其值分别为"aaa"，"bbb"，"ccc"，执行语句 strcat(s1,strcat(s2,s3))后，s1，s2 和 s3 的值分别为_____，_____，_____。

5. 下面程序的运行结果是_____。

```c
#include <stdio.h>
main()
{
  char str[30];
  scanf("%s",str);
  printf("%s\n",str);
}
```

执行时输入：Hello   world

6. 设有如下程序段，若先后输入：

```
County
Side
```

则其运行结果是_____。

```c
#include <stdio.h>
main()
{
    char c1[60],c2[30];
    int i=0,j=0;
    scanf("%s",c1);
    scanf("%s",c2);
    while(c1[i]!='\0')
        i++;
    while(c2[j]!='\0')
        c1[i++]=c2[j++];
    c1[i]='\0';
    printf("\n%s",c1);
}
```

7. 下列程序的运行结果是 _____。

```c
#include <stdio.h>
int fun(int x[],int n)
{
    int i,m=1;
    for(i=0;i<n;i++)
        m*=x[i];
    return m;
}
main()
{
    int a[]={2,3,4,5,6,7,8,9};
    int y;
    y=fun(a,3);
    printf("%d",y);
}
```

三、编程题

1. 从键盘输入 10 个整数存放到一维数组中，求其中最大元素及其对应下标。

2. 从键盘输入 10 名学生的 C 语言成绩，并保存到一维数组中，求总分和平均分并输出。

3. 将一个数组中的数按逆序存放。例如，原来顺序为 7,5,3,8,2,6,9，要求改为 9,6,2,8,3,5,7。

4. 求一个 4×4 矩阵的对角线元素之和。

5. 将一个字符串中的空格用字符"*"替换。例如：原来的串为"How are you!"，替换后的串为"How*are*you!"。

第8章 项目中指针的应用

指针是 C 语言中一个重要的概念，它充分体现了 C 语言简洁、紧凑、高效等重要特色。指针极大地丰富了 C 语言的功能，正确而灵活地运用指针，可以表示各种复杂的数据结构，高效地使用数组和字符串，动态地分配内存，直接处理内存地址。

本章主要介绍指针的基本概念、指针的运算、指针与数组、指针与字符串、指针变量作函数参数等内容。

指针的概念复杂，使用灵活，初学者在学习中要注意多编程、多思考、多上机，在实践中逐步掌握指针。

学习目标：
- 理解和掌握指针的基本概念、指针变量的定义、初始化及引用；
- 掌握指针与一维数组、指针与字符串的关系及使用方法；
- 掌握指针变量作函数参数的使用方法；
- 了解指针与二维数组的关系；
- 了解指针数组与指向指针的指针的概念及使用方法；
- 了解带参数的 main 函数的概念及使用方法；
- 了解返回指针值的函数的概念及使用方法。

8.1 任务四 用指针实现项目中学生成绩的统计

1. 任务描述

该任务要求用指针实现 7.1 节任务二中各函数。包括输入学生成绩函数 InputScore( )，显示学生成绩函数 DisplayScore( )，统计总分和平均分函数 SumAvgScore( )，统计最高分和最低分函数 MaxMinScore( )，统计各分数段人数函数 GradeScore( )。

2. 任务涉及知识要点

该任务涉及到的新知识点主要有指针，其具体内容将在本章后面的理论知识中详细介绍。

3. 任务分析

在 7.1 节任务二中，每个函数都有一个数组形参 score[ ]，函数体中对数组元素的访问，采用的是下标法，即 score[i]的方式。该任务将每个函数中的数组形参修改成指针形参，即将每个函数首部数组形参的定义"int score[ ]"改为"int *score"（为了和原函数保持一致，仍用 score 作为形参名）。函数体中对数组元素的访问，也相应修改为指针方式，即将"score[i]"改为"*(score+i)"的形式。它是一种间接访问数组元素的方法。

在主函数中，仍然定义一个整型数组 stu_score[ ]，用于存储学生成绩。在调用每个函数时，将数组名 stu_score 作为实参，传递给指针变量 score。由于数组名即数组的首地址，将该地址传递给形参指针 score 后， score 即指向实参数组 stu_score[ ]所占用存储单元的首地址，这样就可以通过指针来访问数组的每个元素，从而实现对学生成绩的统计。

4. 任务实现

（1）各函数的声明需要修改为以下形式。其原声明形式参见 6.1 节任务一中的任务实现部分。

```
int  InputScore(int *score);              //录入学生成绩函数声明
void DisplayScore(int *score,int n);      //显示学生成绩函数声明
void SumAvgScore(int *score,int n);       //统计课程总分和平均分函数声明
void MaxMinScore(int *score,int n);       //统计课程最高分和最低分函数声明
void GradeScore(int *score,int n);        //统计课程各分数段人数函数声明
```

（2）各函数调用可以不修改。其原调用形式参见 6.1 节任务一中的任务实现部分。

（3）各函数的定义修改为以下形式。其原定义形式参见 7.1 节任务二中的任务实现部分。

1）输入学生成绩函数

```
int InputScore(int *score)                    // 输入学生成绩，score 为指针变量
{
    int i;
    printf("\n\t\t   请输入学生成绩(输入-1 退出)\n");
    for(i=0;i<MAXSTU;i++)
    {   printf("\t\t  第%d 个学生的成绩: ",i+1);
        scanf("%d",score+i);                  //score+i 为元素的地址
        if(*(score+i)==-1)                    //*(score+i)为元素的内容
            break;
    }
    return(i);                                //返回实际学生人数
}
```

2）显示学生成绩函数

```
void DisplayScore(int *score,int n)
{
    int i;
    printf("\n\t\t   学生成绩显示如下: ");
    printf("\n\t\t   学生序号      成绩");
    for(i=0;i<n;i++)
        printf("\n\t\t      %d           %d",i+1,*(score+i));
    return;
}
```

3）统计课程总分和平均分函数

```
void SumAvgScore(int *score,int n)
{
    int i,sum=0;
    float average=0;
    for(i=0;i<n;i++)
        sum=sum+*(score+i);
    average=(float)sum/n;
```

```
    printf("\n\t\t  课程的总分为%d,平均分为%.2f\n",sum,average);
    return;
}
```

4）统计课程最高分和最低分函数

```
void MaxMinScore(int *score,int n)
{
    int i,max=0,min=0;
    max=*score;              //*score 为数组的第一个元素，相当于 score[0]
    min=*score;
    for(i=1;i<n;i++)
    {
        if(*(score+i)>max)
            max=*(score+i);
        if(*(score+i)<min)
            min=*(score+i);
    }
    printf("\n\t\t  课程的最高分为%d,最低分为%d\n",max,min);
    return;
}
```

5）统计课程各分数段人数函数

```
void GradeScore(int *score,int n)
{
    int i;
    int grade90_100=0;               //等级为"优"的人数
    int grade80_90=0;                //等级为"良"的人数
    int grade70_80=0;                //等级为"中"的人数
    int grade60_70=0;                //等级为"及格"的人数
    int grade0_59=0;                 //等级为"不及格"的人数
    for(i=0;i<n;i++)
    {
        switch(*(score+i)/10)
        {
            case 10:
            case 9: grade90_100++;break;
            case 8: grade80_90++;break;
            case 7: grade70_80++;break;
            case 6: grade60_70++;break;
            default:grade0_59++; break;
        }
    }
    printf("\n\t\t  等级为优的人数为：%d",grade90_100);
    printf("\n\t\t  等级为良的人数为：%d",grade80_90);
    printf("\n\t\t  等级为中的人数为：%d",grade70_80);
    printf("\n\t\t  等级为及格的人数为：%d",grade60_70);
    printf("\n\t\t  等级为不及格的人数为：%d",grade0_59);
    return;
}
```

程序说明：

（1）为了便于理解，该任务只是把每个函数的形参改为指针变量，主函数中的实参还用数组名。在实际使用时，主函数中的实参也可以是指针变量，具体方法将在 8.2.4 节进行介绍。

（2）上述各函数中，指针形参 score 的类型要与它所指向的数组 stu_score[ ]的数据类型一致。

（3）指针作函数参数，在函数间传递的不再是变量中的数据，而是变量的地址。因此，在函数调用时，主函数中不能使用数组元素作实参，而应使用数组名 stu_score 作为实参。

5. 要点总结

使用指针变量访问数组元素，可使程序简洁，运行效率提高。但需要注意的是，C 语言不对指针越界做检查。因此，在使用指针编程时，应特别注意其有效范围，切勿使指针越界，导致程序出错或系统崩溃。

8.2　理　论　知　识

8.2.1　指针的概念

为了正确地理解和使用指针，下面先介绍几个相关的概念。

1. 变量的地址与变量的内容

计算机为了方便管理内存，为每个内存单元指定一个唯一的编号，这个编号称为内存单元的地址。如果在程序中定义了一个变量，在编译时就会为该变量分配相应的内存单元。由于变量的数据类型不同，它所占用的内存字节数也有所不同。变量所占内存单元的首地址就称为变量的地址，而变量所占内存单元中存放的数据就称为变量的内容。变量的内容又称变量的值。设有以下变量定义：

```
char c='a';
float x=10.5;
```

编译时，系统要为变量 c 分配 1 个字节的内存单元，为变量 x 分配 4 个字节的内存单元，如图 8-1 所示。假设为变量 c 和 x 分配的内存单元分别为 2000 和 2006～2009，则变量 c 的址址为 2000，变量 x 的地址为 2006，而 2000 单元中存放的数据'a'就是 c 的内容，2006～2009 四个连续的单元中存放的数据 10.5 就是 x 的内容。

由于编译系统所生成的代码能够自动根据变量名与地址的对应关系完成相应的地址操作，因而，一般情况下，我们并不关心一个数据的具体存储地址，也不必为如何进行地址操作而操心。

2. 直接访问与间接访问

变量内容的存取都是通过地址进行的，例如，printf("%c",c) 的执行是这样的：先找到变量 c 的地址 2000，然后从 2000 单元中取出数据'a'把它输出。输入时如果用 scanf("%c",&c)，在执行时，就把从键盘输入的内容送到地址为 2000 的单元中。这种按变量地址存取变量的方式称为直接访问方式。另外，还可以采用间接访问方式，即将变量 c 的地址 2000 存放在另一个变量（假设为 p）中，在访问变量 c 时，先到变量 p 中取出 c 的地址 2000，然后再到 2000 单元中取出变量 c 的内容'a'。如图 8-1 所示。

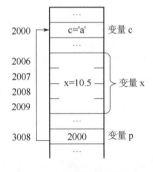

图 8-1　变量存储示意图

打个比方，变量 c 所占的内存单元好比是房间 A，变量 p 所占的内存单元好比是房间 B，房间 B 中放着房间 A 的钥匙。直接访问就好比是直接在房间 A 中存取物品，而间接访问就好比是先到房间 B 中取出房间 A 的钥匙，然后打开房间 A，往房间 A 中存取物品。

3. 指针与指针变量

由于地址指明了数据存储的位置，因此形象地将地址称为"指针"。例如，变量 c 的地址为 2000，则地址 2000 即为变量 c 的指针。

指针变量是指存放指针（地址）的变量。指针变量存放的不是普通的值，而是另外一个变量的地址。例如，变量 p 存放了变量 c 的地址，则 p 就是一个指针变量。因为通过指针变量 p 可以间接访问到变量 c，因而也可以说，指针变量 p 指向了变量 c。

指针变量也是一种变量，同样具有变量的三个要素（变量名、变量值和变量类型），但它又是一种特殊的变量，其特殊性表现在它的值是某个变量的地址，而它的类型则是其所指向的变量的类型。

8.2.2　指针变量的定义、初始化和引用

1. 指针变量的定义

指针变量同普通变量一样，也必须先定义，后使用。指针变量定义的一般形式为：

类型说明符　*指针变量名；

其中，"*"是一个标志，表示这是一个指针变量，指针变量名本身是不带"*"的；"类型说明符"表示该指针变量所指向的变量的数据类型。

例如：

```
int *p;
```

该定义表示 p 是一个指针变量，它的值是某个整型变量的地址，或者说 p 指向一个整型变量。至于 p 究竟指向哪一个整型变量，应由给 p 赋予的地址来决定。

应该注意的是，一个指针变量只能指向同类型的变量，如 p 只能指向整型变量，不能时而指向一个整型变量，时而又指向一个其他类型的变量。

指针变量也是变量，在内存中也要占用存储空间。C 语言规定：任何类型的指针变量占用空间的大小都是一样的，但不同的开发系统，实际占用字节数又不相同，在 VC++系统中指针变量占用 4 个字节的内存单元。

2. 指针变量的初始化

在使用指针变量前，首先要对指针变量进行初始化。指针变量的初值通常只能是某个变量的地址。

C 语言提供了地址运算符"&"来表示变量的地址。在前面介绍的 scanf( )函数中，我们已经了解并使用了"&"运算符。其一般形式为：

&变量名

设有指向整型变量的指针变量 p，如要把整型变量 a 的地址赋予 p，可以采用以下两种方法对 p 进行初始化。

（1）在定义指针变量的同时进行初始化。

```
int a;
int *p=&a;
```

或写成：

```
int a,*p=&a;
```

（2）先定义指针变量，后进行初始化。

```
int a,*p;
p=&a;
```

使用此方法时，被赋值的指针变量前不能再加"*"，如写为"*p=&a;"是错误的。

不允许把一个非地址类型的数(0 除外)赋给一个指针变量，如下面的赋值是错误的：

```
int *p;
p=1000;
```

注意：使用指针变量之前，如果没有给指针变量初始化，则其值是随机值，即该指针变量指向一个未知的内存单元，使用这样的指针是很"危险"的，轻者导致程序运行结果出错，重者导致系统出错或崩溃。因此，如果指针变量暂时不指向任何变量，可以给指针变量赋 0 或 NULL 值（NULL 是 C 标准库中 stdio.h 头文件里定义的一个符号常量，其值为 0），其作用是使指针变量指向地址为 0 的内存单元，即不指向任何有效数据。

3. 指针变量的引用

定义指针变量并初始化后，就可在程序中访问该指针变量。对指针变量的访问有两种形式：一是访问指针变量的值；二是访问指针变量所指向的变量。对指针变量值的访问通常是将一个指针变量的值赋给另一个指针变量或者进行指针的运算（见后面章节的内容）。而访问指针变量所指向的变量，则要用指针变量运算符"*"。该运算符使用的一般形式为：

*指针变量名

其中，"*"是一个单目运算符，又称间接访问运算符，用在指针变量名之前，表示该指针变量所指向的变量。例如，有以下定义：

```
int i=1,j,*p1=&i,*p2=&j;
```

即 p1 指针指向变量 i，p2 指针指向变量 j。此时若有下列语句：

```
*p2=*p1+2;
```

则*p1 运算表示 p1 所指向的变量 i，*p2 运算表示 p2 所指向的变量 j，因此，上述语句的作用等价于"j=i+2;"，即把 i+2 的结果 3 赋给变量 j。

需要注意的是，"*"出现在 C 程序的不同位置有不同的含义。若出现在定义部分，则"*"只是一个标志，表示要说明一个指针变量；若出现在语句部分，则"*"是一个指针运算符，用以表示指针变量所指向的变量。另外，当"*"的操作数为双目时，它还是乘法运算符。

【例 8.1】 指针变量的定义、初始化及引用。

```
#include <stdio.h>
main()
{
    int a=10,b=100;
    int *pa,*pb;
    pa=&a;                      //把变量 a 的地址赋给指针变量 pa
    pb=&b;                      //把变量 b 的地址赋给指针变量 pb
    printf("%d,%d\n",a,b);      //以直接访问方式输出变量 a,b
```

```
        printf("%d,%d\n",*pa,*pb);    //以间接访问方式输出变量a,b
    }
```
程序运行结果:
```
10,100
10,100
```
该例中，指针变量 pa，pb 分别指向了变量 a，b，由于*pa 和*pb 分别表示 pa 和 pb 所指向的变量，所以两个 printf( )函数的作用相同，都是输出变量 a 和 b 的内容。

读者也可以在程序中增加下面两个输出语句，观察并分析输出结果。
```
printf("%x,%x\n",&a,&b);
printf("%x,%x\n",pa,pb);
```

8.2.3 指针与一维数组

数组是相同类型的数据的集合，每个数组元素在内存中都有相应的存储地址。指针既然可以指向变量，当然也可以指向数组中任何一个元素。使用指针访问数组元素，生成的目标代码占用存储空间小、运行速度快。

本节只介绍指针与一维数组的关系，指针与二维数组的关系将在扩展知识中介绍。

8.2.3.1 指向一维数组的指针变量

指向一维数组的指针变量是指用于存放一维数组的首地址或某一数组元素地址的变量。这种指针变量的类型应当说明为数组元素的类型。例如：
```
int a[5]={1,2,3,4,5};
int *p;
```
指针变量 p 的类型和数组元素的类型相同，均为整型。如果使指针变量 p 指向数组 a[ ]的第一个元素 a[0]，可用下面的赋值语句：
```
p=&a[0];
```
即把数组元素 a[0]的地址赋给指针变量 p。如图 8-2 所示。

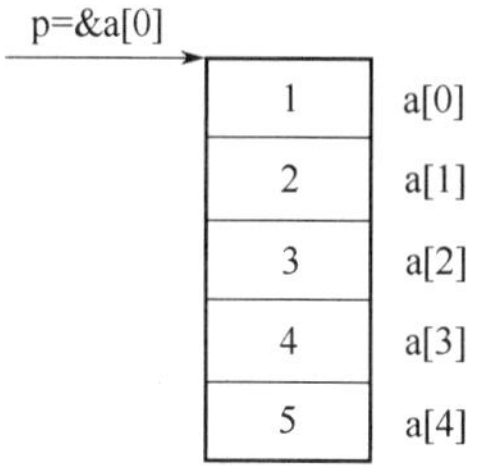

C 语言规定，数组名表示数组的首地址，即数组中第一个元素的地址。因此，下面两个赋值语句等价：
```
P=&a[0];
p=a;
```

图 8-2 指向一维数组的指针

注意："p=a;"是将数组的首地址赋给指针变量 p，而不是把数组的所有元素都赋给 p。

8.2.3.2 用指针变量引用一维数组元素

由于数组元素在内存中是连续存放的，因此，可以通过指针变量 p 及其有关运算，间接访问数组中的每一个元素。

C 语言规定，如果指针变量 p 指向数组中的某一个元素，在指针 p 不越界的情况下，p+1 就是指向同一数组中的下一个元素。注意，这里不是将 p 值简单地加 1，它表示 p 跳过一个数组元素所占用的内存字节数，而指向下一个元素。如在 VC++系统中，整型数组每个元素占 4 个字节，则 p+1 就是使 p 增加 4 个字节而指向下一个元素，p+1 代表的地址实际上是 p+1*4。若一个数组元素所占内存字节数为 d，则 p+n 代表的地址为 p+n*d。

同理，p-1 则使 p 指向同一数组中的上一个元素。

设 a 是数组名，p 是指向数组 a[ ]的指针变量，利用指针表示数组元素地址和内容的几种形式见表 8-1。

表 8-1　　　　　　　　　　一维数组元素地址和内容的表示形式

表 示 形 式	含 义
a，&a[0]	数组首地址，即 a[0]的地址
&a[i]，a+i，p+i	a[i]的地址
a[i]，*(a+i)，*(p+i)，p[i]	a[i]的内容

根据表 8-1，数组元素的访问可以采用以下两种方法：

（1）下标法，如 a[i],p[i]形式。

（2）指针法，如*(a+i)，*(p+i) 或*p 形式。

【例 8.2】用不同的方法输入输出数组中的各元素。

方法一：用数组名下标法引用数组元素。

```c
#include <stdio.h>
main()
{
    int a[10],i;
    for(i=0;i<10;i++)
        scanf("%d",&a[i]);
    for(i=0;i<10;i++)
        printf("%2d",a[i]);
}
```

方法二：用指针下标法引用数组元素

```c
#include <stdio.h>
main()
{
    int a[10],i,*p;
    p=a;
    for(i=0;i<10;i++)
        scanf("%d",&p[i]);
    for(i=0;i<10;i++)
        printf("%2d",p[i]);
}
```

方法三：用数组名法引用数组元素。

```c
#include <stdio.h>
main()
{
    int a[10],i;
    for(i=0;i<10;i++)
        scanf("%d",a+i);
    for(i=0;i<10;i++)
        printf("%2d",*(a+i));
}
```

方法四：用指针变量法引用数组元素。

```c
#include <stdio.h>
main()
{
    int a[10],i,*p;
    p=a;
    for(i=0;i<10;i++)
        scanf("%d",p+i);
```

```
    for(i=0;i<10;i++)
        printf("%2d",*(p+i));
}
```

指针变量还可以通过自增或自减运算来改变指针的位置，实现指针移动。因此，方法四可写成下面更简洁的形式。

方法五：通过指针变量的自增运算引用数组元素。

```
#include <stdio.h>
main()
{
    int a[10],*p;
    for(p=a;p<a+10;p++)
        scanf("%d",p);
    for(p=a;p<a+10;p++)
        printf("%2d",*p);
}
```

五种方法的程序运行结果均为：
1 2 3 4 5 6 7 8 9 0✔
1 2 3 4 5 6 7 8 9 0

上述五种方法中，前四种方法的执行效率相同，都是先通过计算得到数组元素的地址，再访问数组元素的值。这几种方式的优点是比较直观，能直接通过下标 i 判断是第几个元素。方法五利用指针的自增运算实现指针的移动，不必每次都重新计算地址，因此，五种方法中，方法五的执行效率最高，但使用此方法时，应特别注意指针变量的当前值，避免指针越界。

8.1 节任务四中，对数组元素的访问，采用的是第四种方法，读者也可尝试用第五种方法实现。

注意：指针变量 p 的值可以改变，但数组名的值不可以改变，因为数组名虽然是指针（地址），但它是指针常量而不是指针变量，我们不可能改变一个常量的值，因此 a=p,a++ 等表达式是错误的。

8.2.3.3　指针变量的运算

指针变量可以进行某些运算，但其运算的种类是有限的。它只能进行赋值运算和部分算术运算及关系运算。在前面的章节中，已经使用了赋值运算对指针变量进行初始化，在此只介绍指针变量的算术运算和关系运算。

1. 指针变量的算术运算

设 p，p1 和 p2 是指向数组 a[ ]的指针变量，n 为整型变量，则指针可进行下列算术运算。

（1）p+n 或 p-n：使指针 p 向后（+n）或向前（-n）移动 n 个元素的位置。

（2）p1-p2：结果为一个带符号的整数，表示两个数组元素相隔的元素个数。

另外，当使指针向后或向前移动一个元素的位置时，常用指针变量与"++"和"--"运算符结合的形式，如：p++，++p，p--，--p。在使用"++"和"--"进行指针运算时，需要注意下面一些表示形式的含义：

（1）*p++：　等价于*(p++),先得到*p 的值,再做 p++。

　　　p--：　等价于(p--),先得到*p 的值,再做 p--。

（2）*(++p)：　p 先自增 1，再得到*p 的值。

*(--p)：　p 先自减 1，再得到*p 的值。

（3）(*p)++：使*p 的值加 1。

　　　　(*p)--：使*p 的值减 1。

2. 指针变量的关系运算

当两个指针指向同一数组中的元素时，它们之间还可以进行关系运算。例如：

（1）p1>p2，p1<p2：两指针大小比较，表示两指针所指数组元素之间的前后位置关系。

（2）p1==p2，p1!=p2：判断两指针是否相等，若指向同一个变量则相等，否则不等。

指针变量还可以与 0 比较。设 p 为指针变量，则 p==0 表明 p 是空指针，它不指向任何变量；p! =0 表示 p 不是空指针。

8.2.4　指针变量作函数参数

变量可以作为函数参数，指针变量同样可以作为函数参数。指针变量既可以作为函数的形参，也可以作为函数的实参，指针变量作实参时，与普通变量一样，也是"值传递"。即将指针变量的值传递给被调函数的形参。但由于指针变量的值是一个地址，实际上实现的是"地址的传递"。

8.2.4.1　指向变量的指针作函数参数

在 6.2.3 节中，已经介绍了函数间数据传递的传值方式，并结合[例 6.3]分析了传值方式在函数间传递数据的过程。[例 6.3]中，程序试图用两个普通变量作函数形参，实现两个整数的交换，但因为普通变量作函数参数时，实参对形参的数据传递是一种单向的值传递，形参值的改变并不能影响实参，因此并不能实现两数的交换。下面利用指向变量的指针作函数参数，实现两个整数的交换。

【例 8.3】用指向变量的指针作函数参数，实现两个整数的交换。

```c
#include <stdio.h>
void swap(int *p1,int *p2)          //指针变量作形参
{
    int temp;
    temp=*p1;
    *p1=*p2;
    *p2=temp;
}
main()
{
    int a,b;
    scanf("%d,%d",&a,&b);
    swap(&a,&b);                    //调用 swap()函数
    printf("%d,%d\n",a,b);
}
```

程序运行结果：

4,9✓
9,4

该例中，函数间的数据传递采用传址方式。当执行到 main( )函数中的函数调用语句"swap(&a,&b);"时，给 swap( )函数中的两个指针形参 p1 和 p2 分配存储空间，并将实参 a,b 的地址&a 和&b 分别传递给 p1 和 p2，即 p1 和 p2 分别指向变量 a 和 b，如图 8-3（a）

所示。在执行 swap( )函数过程中，利用临时变量 temp 交换*p1 和*p2 的值，即交换 a,b 两个变量的值。函数调用结束返回主函数时，指针形参 p1 和 p2 所占的存储空间被释放，但 p1 和 p2 所指向的变量 a 和 b 的值已经交换。交换后的情况如图 8-3(b)所示,其中虚框表示变量所占内存空间已被释放。

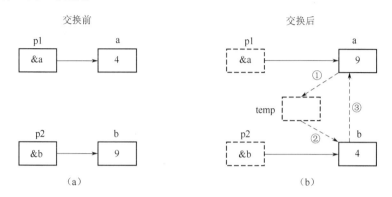

图 8-3 指针变量作函数参数交换数据示意图

也可将[例 8.3]主函数中的实参改写成指针变量的形式。修改后的主函数如下：

```
main()
{
    int a,b;
    int *pa,*pb;                    //定义两个整型指针变量
    scanf("%d,%d",&a,&b);
    pa=&a;                          //把变量 a 的地址赋给指针变量 pa
    pb=&b;                          //把变量 b 的地址赋给指针变量 pb
    swap(pa,pb);                    //调用 swap()函数
    printf("%d,%d\n",a,b);
}
```

程序运行结果与[例 8.3]相同。

注意：如果将[例 8.3]中的 swap( )函数写成以下形式，则不能实现两数的交换。

```
void swap(int *p1,int *p2)
{
    int *temp;                      //定义指针变量
    temp=p1;
    p1=p2;
    p2=temp;
}
```

如果写成上述形式,在执行 swap( )函数时，不是 p1 和 p2 所指向的变量 a 和 b 在交换，而是 p1 和 p2 的指向在交换，即交换后 p1 指向了变量 b，p2 指向了变量 a。由于形参也是局部变量，函数调用结束时，指针形参 p1 和 p2 所占的存储空间被释放，其交换后的值无法传回主函数，所以主函数中 a,b 的值不会发生变化。交换后的情况如图 8-4 所示。

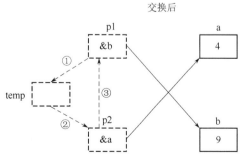

图 8-4 指针变量的指向交换示意图

8.2.4.2　指向数组的指针作函数参数

指向数组的指针变量也可以作函数参数，它传递的是数组的首地址。这与数组名作函数参数相似。在此主要介绍指向一维数组的指针变量作函数参数的情况。

数组名和指向一维数组的指针变量作函数参数的组合见表 8-2。

表 8-2　数组名和指针变量作函数参数的组合

序号	实　参	形　参
1	数组名	数组名
2	数组名	指针变量
3	指针变量	数组名
4	指针变量	指针变量

表 8-2 中，第一和第二种组合分别在 7.2.2 节和 8.1 节任务四中进行了介绍，在此主要介绍后两种组合形式。

【例 8.4】用指针变量作实参，数组名作形参，计算一维数组各元素的平均值。

```c
#include <stdio.h>
float average(int p[],int n)            //数组名作形参
{
    int i,sum=0;
    float ave;
    for(i=0;i<n;i++)
        sum=sum+p[i];
    ave=(float)sum/n;
    return(ave);
}
main()
{
    int i,a[10],*pa;
    float aver;
    for(i=0;i<10;i++)
        scanf("%d",&a[i]);              //下标访问法
    pa=a;                               //把数组首地址赋给指针变量 pa
    aver=average(pa,10);                //指针变量作实参
    printf("average=%.2f\n",aver);
}
```

程序运行结果：
```
1 2 3 4 5 6 7 8 9 10↙
average=5.50
```

该例中，主函数 main( )中的实参 pa 为指针变量，它的值为数组 a[ ]的首地址。在调用函数 average( )时，实参 pa 的值传递给形参数组 p[ ]，这样形参数组 p[ ]和数组 a[ ]共占用同一段内存单元。在 average( )函数中，求形参数组 p[ ]中元素的平均值，实际上也是求数组 a[ ]中元素的平均值。函数调用结束时，由 return 语句将求得的平均值返回主函数并输出。

【例 8.5】分别用指针变量作形参和实参，计算一维数组各元素的平均值。

```c
#include <stdio.h>
float average(int *p,int n)        //指针变量作形参
{
    int i,sum=0;
    float ave;
    for(i=0;i<n;i++,p++)
        sum=sum+*p;                    //指针访问法
```

```
    ave=(float)sum/n;
    return(ave);
}
main()
{
    int i,a[10],*pa;
    float aver;
    for(pa=a;pa<(a+10);pa++)              //指针访问法
        scanf("%d",pa);
    pa=a;                                 //把数组首地址重新赋给数组指针
    aver=average(pa,10);                  //指针变量作实参
    printf("average=%.2f\n",aver);
}
```

程序运行结果：

<u>1 2 3 4 5 6 7 8 9 10</u>✔
average=5.50

该例中，实参与形参均用指针变量，实参 pa 的值为数组的首地址。在调用函数 average( )时，实参 pa 的值传递给形参指针变量 p，使得 p 也指向数组 a[ ]。在 average( )函数中，通过 p 值的改变，可以访问数组 a[ ]中的任一元素。

该例中，灰色部分的代码也可以写成以下形式：

```
for(i=0;i<n;i++)
    sum=sum+*p++;
```

或：

```
for(i=0;i<n;i++)
    sum=sum+*(p+i);
```

注意：该例中，如果将主函数 main( )中的语句 "pa=a;" 漏写，则输出结果将会是一个不可预料的值。因为当执行到语句 "for(pa=a;pa<(a+10);pa++)   scanf("%d",pa);" 时，随着循环的执行，指针 pa 的指向在不断地变化，循环结束后，指针 pa 已越界，不再指向数组 a[ ]了，这时如果直接用指针 pa 作为实参传递给形参指针变量 p，则 p 接收的就不是数组 a[ ]的首地址，而是一个未知存储单元的地址，这样计算的就不是数组 a[ ]元素的平均值，而是一组未知存储单元中数据的平均值，输出结果将会是一个不可预料的值。如果在调用函数 average( )之前，重新给指针变量 pa 赋值，使它再次指向数组 a[ ]的首地址，就能实现计算数组 a[ ]中元素的平均值。

读者可参照此例，将 6.1 节任务一主函数 main( )中的实参，修改成指针变量的形式。

8.2.5 指针与字符串

在 C 语言中，字符串的处理有两种方法：一是用字符数组处理字符串；二是用字符指针处理字符串。在第 7 章已经介绍了用字符数组处理字符串的方法，在此主要介绍利用字符指针处理字符串的方法。

8.2.5.1 用字符指针处理字符串

1. 字符指针变量的定义与引用

可以定义一个字符型指针变量，通过对字符指针的操作处理字符串。例如：

```
char   *s;
s="I love China!";
```

等价于：

```
char  *s="I love China!";
```

定义一个字符指针变量 s，并将字符串的首地址（即存放字符串的字符数组的首地址）赋给 s，也可以说，s 指向了字符串"I love China!"，如图 8-5 所示。

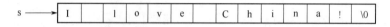

图 8-5　字符指针与字符串的关系

用字符指针指向某个字符串常量后，就可以利用字符指针来处理这个字符串。处理的方式主要有两种：一是逐个字符处理；二是将字符串作为一个整体来处理。下面分别举例说明。

【例 8.6】采用逐个字符处理的方式输出字符串。

```
#include <stdio.h>
main()
{
    char *s="I love China!";
    for(;*s!='\0';s++)
        printf("%c",*s);
}
```

程序运行结果：

```
I love China!
```

【例 8.7】采用整体处理的方式输出字符串。

```
#include <stdio.h>
main()
{
    char *str="I love China!";
    printf("%s",str);
}
```

程序运行结果：

```
I love China!
```

[例 8.6]和[例 8.7]两个程序的运行结果相同，但对于字符串输出而言，整体处理的方式比逐个字符处理的方式更简洁。

2. 字符指针变量作函数参数

可以将字符串从一个函数传送到另一个函数，传送的方法同数值型数组一样，也是地址传送，即用字符数组名或指向字符串的指针变量作函数参数。在被调函数中可以改变字符串的内容并返回给主调函数。

【例 8.8】用字符指针作函数参数，将一个字符串的内容复制到另一个字符串中。

```
#include <stdio.h>
void copy_string(char *from,char *to)      //字符指针变量作函数形参
{
    for(;*from!='\0';from++,to++)
        *to=*from;
    *to='\0';
}
main()
```

```
{
    char a[20]="I am a student.";
    char b[20];
    char *p1=a,*p2=b;
    copy_string(p1,p2);                    //字符指针变量作函数实参
    printf("string a is:%s\nstring b is:%s\n",a,b);
}
```
程序运行结果：
```
string a is: I am a student.
string b is: I am a student.
```
该例中，copy_string( )函数定义了两个形参字符指针变量 from 和 to，from 指向源字符串，to 指向目标字符串。在主函数中，调用该函数时，将指针变量 p1 所指向字符串 a 的首地址传给 from，指针变量 p2 所指向字符串 b 的首地址传给 to。这样，函数执行过程中，对形参指针变量 from 和 to 的操作，实际上也是对字符数组 a[ ]和 b[ ]的操作，从而实现了字符串的复制。

该例中的 copy_string( )函数也可写成以下形式：
```
void copy_string(char *from,char *to)
{
    for( ;*to++=*from++;);
}
```
即将指针的移动和赋值合并在一个语句中。它的执行顺序是：先将*from 赋给*to，再使指针 from 和 to 加 1。

8.2.5.2　字符数组和字符指针处理字符串时的区别

虽然用字符数组和字符指针都能处理字符串，但两者是有区别的，主要表现在以下几个方面。

（1）存储内容不同。字符数组中存储的是字符串本身（数组的每个元素存放一个字符），而字符指针变量中存储的是字符串的首地址。

（2）赋值方式不同。对于字符数组，虽然可以在定义时初始化，但不能用赋值语句整体赋值，下面的用法是非法的：
```
char str[20];
str="This is a book. ";     //错误
```
而对于字符指针变量，可用下列方法赋值：
```
char *s;
s="This is a book. ";
```
（3）字符指针变量的值是可以改变的。例如：
```
char *a="I love China! ";
a=a+7;
printf("%s",a);
```
指针变量 a 的值可以变化，并从当前所指向的单元开始输出各个字符，直到遇到'\0'为止，即输出"China!"。而数组名代表数组的起始地址，是一个常量，其值是不能改变的，因此，下面的程序是错误的：
```
char str[]="I love China! ";
str=str+7;                  //错误
printf("%s",str);
```

应改成：

```
char str[]="I love China! ";
printf("%s",str+7);
```

（4）字符数组定义后，系统会为其分配确定的地址，而字符指针变量在没有赋予一个地址值之前，它指向的对象是不确定的。例如：

```
char str[10];
scanf("%s",str);
```

是正确的，但若写成：

```
char *a;
scanf("%s",a);
```

虽然一般也能编译运行，但这种方法存在危险，因为 a 没有初始化，它指向一个未知的内存单元，如果 a 指向了已存放指令或数据的内存段，此时若将一个字符串输入到 a 的值（地址）开始的一段内存单元中，程序就会出错，甚至破坏系统。应改为：

```
char *a,str[10];
a=str;
scanf("%s",a);
```

即先使 a 有确定的值，然后输入字符串到该地址开始的若干单元中。

8.3　知　识　扩　展

8.3.1　指针与二维数组

用指针可以指向一维数组，也可以指向二维数组。但在概念和使用上，二维数组的指针比一维数组的指针更复杂一些。

8.3.1.1　二维数组的地址

前面 7.5 节中讲过，二维数组可以看成是一种特殊的一维数组，每个一维数组元素本身又是一个有若干数组元素的一维数组。例如：

```
int a[3][4]={{0,1,2,3}, {4,5,6,7},
{8,9,10,11}};
```

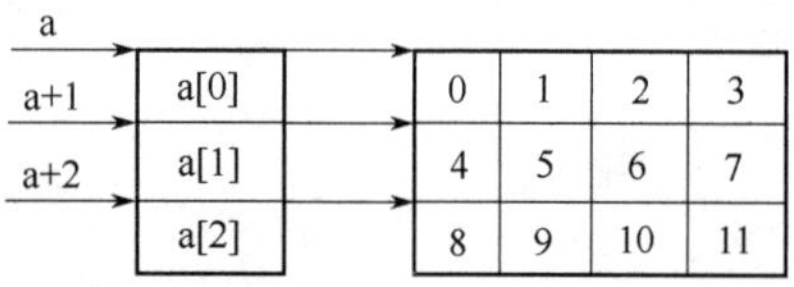

则二维数组 a 可分解为三个一维数组：a[0]，a[1]，a[2]。每个一维数组各包含四个元素。例如，a[0]所代表的一维数组所包含的四个元素为：a[0][0]，a[0][1]，a[0][2]，a[0][3]，如图 8-6 所示。

图 8-6　二维数组分解为一维数组示意图

1. 二维数组每一行的地址表示

无论是一维数组还是多维数组，数组名总是代表数组的首地址。因此，二维数组每一行的首地址可以表示为以下形式：

a：二维数组名，代表二维数组的首地址，即二维数组第 0 行的首地址。

a+1：第 1 行的首地址。若 a 的首地址是 2000，由于每行有四个整型元素，则在 VC++ 环境下，a+1 为 a+4*4=2016。

a+2：第 2 行的首地址，　a+2 为 a+4*8=2032。

二维数组分解为一维数组时，既然把 a[0]，a[1]，a[2]看成是一维数组名，则可以认为它们分别代表所对应的一维数组的首地址，即每行的首地址。因此，二维数组每一行的首地址还可以表示为以下形式：

a[0]：二维数组第 0 行的首地址，与 a 的值相同。

a[1]：二维数组第 1 行的首地址，与 a+1 的值相同。

a[2]：二维数组第 2 行的首地址，与 a+2 的值相同。

前面 8.2.3 节中讲过，在一维数组中 a[i]与*(a+i)等价。二维数组同样有此性质，即 a[0]，a[1]，a[2]分别与*(a+0)，*(a+1)，*(a+2)等价。因此，二维数组第 0，1，2 行的首地址还可以分别表示为*(a+0)，*(a+1)，*(a+2)的形式。

2. 二维数组每一元素的地址表示

因为 a[0]是第 0 行的首地址，代表第 0 行中第 0 列元素的地址，即&a[0][0]；a[1]代表第 1 行中第 0 列元素的地址，即&a[1][0]。根据地址运算规则，a[0]+1 即代表第 0 行第 1 列元素的地址，即&a[0][1]；a[1]+1 代表第 1 行中第 1 列元素的地址，即&a[1][1]。

进一步分析，a[i]+j 即代表第 i 行第 j 列元素的地址，即&a[i][j]，还可以表示为*(a+i)+j 的形式。

因而，二维数组元素 a[i][j]可表示成*(a[i]+j)或*(*(a+i)+j)，它们都与 a[i][j]等价。

8.3.1.2　通过指针引用二维数组元素

1. 指向数组元素的指针

前面 7.5 节中讲过，二维数组可以看成是按行连续存放的一维数组，因此，可以像一维数组一样，用指向数组元素的指针来引用二维数组。

【例 8.9】 用指向数组元素的指针输出二维数组元素。

```c
#include <stdio.h>
main()
{
    int a[3][4]={{0,1,2,3},{4,5,6,7},{8,9,10,11}};
    int *p;
    for(p=a[0];p<a[0]+12;p++)
        printf("%3d",*p);
}
```

程序运行结果：

```
0  1  2  3  4  5  6  7  8  9 10 11
```

该例中，p 是一个指向整型变量的指针变量，它可以指向一般的整型变量，也可以指向整型的数组元素。循环执行时，每次使 p 值加 1，指向下一个元素，从而顺序输出二维数组的每个元素。

注意：该例中灰色部分的代码不能写成以下形式：

```c
for(p=a;p<a+12;p++)                    //错误
        printf("%3d",*p);
```

因为 a 和 a[0]虽然都表示一维数组第 0 行的首地址，但若把 a 赋给 p，则 p+1 表示 p 跳过一行元素所占内存单元的字节数，指向下一行首地址，而把 a[0]赋给 p，p+1 则表示 p 跳过一个元素所占内存单元的字节数，指向下一个元素。此例要求顺序输出数组的每个元素，因此，该例中 p 的初值应赋为 a[0]，而不是 a。使 p 的初值为 a 来输出二维数组元素的方法，请参见[例 8.10]。

2. 指向数组某一行的行指针

[例 8.9]的指针变量 p 是指向整型变量的指针，这种指针指向整型数组的某个元素时，

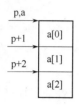
图 8-7 二维数组的
行指针示意图

p+1 运算表示指针指向数组的下一个元素。可以改用另一方法，让 p 指向二维数组某一行的起始地址。如图 8-7 所示，如果 p 先指向 a[0]，则 p+1 不是指向 a[0][1]，而是指向 a[1]，p 的增值是以一行中元素的个数（即一维数组的长度）为单位。此时指针 p 称为行指针。

定义二维数组行指针变量的一般形式为：

类型说明符　（*指针变量名）[长度]；

其中，"类型说明符"为所指数组的数据类型，"*"表示其后的变量是指针类型，"长度"表示该指针所指向的二维数组分解为多个一维数组时，一维数组的长度，也就是二维数组的列数。应注意，"（*指针变量名）"两边的圆括号不可少，如果缺少括号则表示为指针数组（本章后续内容将会介绍），意义就完全不同了。

【例 8.10】 用行指针输出二维数组元素。

```c
#include <stdio.h>
main()
{
    int a[3][4]={{0,1,2,3},{4,5,6,7},{8,9,10,11}};
    int (*p)[4];
    int i,j;
    p=a;
    for(i=0;i<3;i++)
        for(j=0;j<4;j++)
            printf("%3d",*(*(p+i)+j));
}
```

程序运行结果：

```
 0  1  2  3  4  5  6  7  8  9 10 11
```

该例中，p 为行指针，它只能指向一个包含 4 个元素的一维数组，p 的值就是该一维数组的首地址。p+1 就指向下一个一维数组，这里的 1 代表一行元素的个数。

8.3.2　指针数组和指向指针的指针

8.3.2.1　指针数组

通过前面的学习知道，数组和下标变量在处理大批量数据时，要比简单变量方便得多，对于指针变量也一样，当一个程序中需要用到多个指针变量时，采用指针数组可以给程序设计带来很多方便。

若一个数组的所有元素都是指针类型，则该数组称为指针数组。指针数组的所有元素都必须是指向相同数据类型的指针变量。

指针数组说明的一般形式为：

类型说明符　*指针数组名[数组长度]

其中，"类型说明符"为指针所指向的变量的类型。例如：

```c
int *pa[3];
```

表示 pa 是一个指针数组，它有三个元素：pa[0]，pa[1]，pa[2]，每个元素值都是一个指针，可指向整型变量。

由于运算符"[ ]"比"*"优先级高，因此先形成数组 p[3]，再与前面的"*"结合，表示此数组是指针数组，每个数组元素都可以指向一个整型变量。

指针数组在处理多个字符串时非常方便，因为一个指针变量可以指向一个字符串，使用指针数组可以处理多个字符串。

例如，图书馆有下列一些书籍：Basic，Pascal，C，Java，Visual FoxPro 等，要求将这些书名按字母顺序由小到大排序。

可采用以下两种方法处理：

1. 用二维字符数组处理

使用这种方法时，需要先定义一个二维字符数组存放书名。例如：

```
char ch[][14];
```

但这种方法在定义二维字符数组时，需要指定列数，这样二维数组的列数都一样，而书名的长度不一样，上面的书名中最长有 13 个字符，最短的只有一个字符，但定义二维数组时，只能按最长的字符串来定义数组的列数，这样会浪费许多存储空间，如图 8-8 所示。

B	a	s	i	c	\0								
P	a	s	c	a	l	\0							
C	\0												
J	a	v	a	\0									
V	i	s	u	a	l		F	o	x	P	r	o	\0

图 8-8　二维字符数组

2. 用指针数组处理

由于指针数组的每个元素都是指针，每一个指针变量可以指向一个字符串，而每个字符串在内存中占用的存储空间是字符个数加 1，这样就比用二维字符数组节省了大量的内存空间。例如定义：

```
char *name[5];
```

其占用内存的情况如图 8-9 所示。

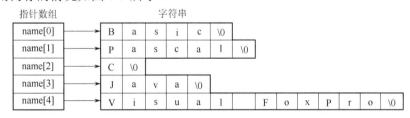

图 8-9　指针数组

字符指针数组可以在定义时进行初始化，即：

```
char *name[5]={"Basic","Pascal","C","Java","Visual FoxPro"};
```

【例 8.11】使用指针数组编写程序，将多个字符串按字母顺序由小到大排序。

```
#include <stdio.h>
#include <string.h>
main()
{
    char *name[5]={"Basic","Pascal","C","Java","Visual FoxPro"};
    char *t;
    int i,j;
    for(i=1;i<5;i++)                              //冒泡法排序
```

```
    for(j=0;j<5-i;j++)
        if(strcmp(name[j],name[j+1])>0)   //比较后交换字符串地址
        {
            t=name[j];
            name[j]=name[j+1];
            name[j+1]=t;
        }
    for(i=0;i<5;i++)                      //输出排序后的结果
        printf("%s\n",name[i]);
}
```

程序运行结果：

```
Basic
C
Java
Pascal
Visual FoxPro
```

该例中，采用了 strcmp( )库函数对两个字符串比较，它允许参与比较的字符串以指针方式出现。name[j]和 name[j+1]均为指针，因此是合法的。字符串比较后需要交换时，只交换指针数组元素的值（地址），而不交换字符串本身，即不需要改变字符串在内存中的位置，只要改变指针数组各元素的指向即可。这样可以减少时间的开销，提高运行效率。交换后指 针 的 指 向 如 图 8-10 所 示 。

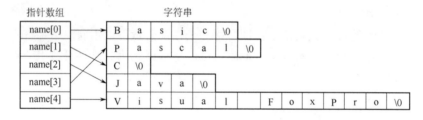

图 8-10　用指针数组对多个字符串排序

8.3.2.2　指向指针的指针

如果一个指针变量存放的是另一个指针变量的地址，则称这个指针变量为指向指针的指针变量。

指向指针的指针变量定义的一般形式为：

类型说明符　** 指针变量名；

例如：　　int **p;

p 的前面有两个"*"号，"*"号运算符的结合方向从右到左，因此**p 相当于*(*p)，*p 是指针变量的定义形式，在它前面又有一个"*"号，则表示 p 是指向一个整型指针变量的指针变量。

【例 8.12】指向指针的指针应用举例。

```
#include <stdio.h>
main()
{
    int  a=20,*p,**pp;
    p=&a;                        //把 a 的地址赋给 p
```

```
    pp=&p;                    //把指针变量 p 的地址赋给 pp
    printf("a=%d\n",*p);
    printf("a=%d\n",**pp);
}
```

程序运行结果：

```
a=20
a=20
```

该例中，p 是一个指针变量，指向整型变量
a；pp 也是一个指针变量，它指向指针变量 p，即
pp 是一个指向指针变量的指针变量。*p 和**p 都
是变量 a 的值。如图 8-11 所示。

图 8-11　p,pp,a 之间关系图

指向指针的指针与指针数组有着密切的关
系。因为指针数组的每个元素都是指针，因此，可以设置一个指针变量 p，把指针数组的
首地址赋给 p，这样即可通过指向指针的指针变量 p 访问指针数组所指向的变量。

【例 8.13】用指向指针的指针输出字符数组的值。

```
#include <stdio.h>
#include <string.h>
main()
{
    char *name[5]={"Basic","Pascal","C","Java","Visual FoxPro"};
    char **p;                 //定义指向指针的指针变量
    int i;
    for(i=0;i<5;i++)
    {
        p=name+i;
        printf("%s\n",*p);
    }
}
```

程序运行结果：

```
Basic
Pascal
C
Java
Visual FoxPro
```

该例中，p 是指向指针的指针变量，在 5 次循环中，p 分别取得了 name[0]，name[1]，
name[2]，name[3]，name[4]的地址值，因此，*p 的值分别是 name[0]，name[1]，name[2]，
name[3]，name[4]的值，即各个字符串的起始地址，通过这些地址即可输出相应的字符串。
如图 8-12 所示。

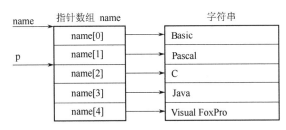

图 8-12　指向指针数组的指针

该例中，灰色部分的代码也可以改写为下面更简洁的形式：

```
for(p=name,i=0;i<5;i++,p++)
     printf("%s\n",*p);
```

8.3.3 带参数的 main 函数

此前，我们用到的 main( )函数都是不带参数的，因此 main( )函数的第一行是：main( )。其实 main( )函数也可以有参数。C 语言规定，main( )函数的参数只能有两个，习惯上这两个参数写为 argc 和 argv。带参数的 main( )函数首部的一般形式如下：

```
main(int argc, char *argv[ ])
```

其中，第一个形参 argc 必须是整型变量，第二个形参 argv 必须是指向字符串的指针数组。

由于 main( )函数是主函数，不能被其他函数调用，因此不可能从其他函数得到所需的参数值。main( )函数的参数值是从操作系统命令行上获得的。一个 C 程序，经过编译、连接后得到的是可执行文件，当运行这个可执行文件时，在命令行中键入文件名，再输入实际参数，就可以把实参传送给 main( )函数的形参。其使用的一般形式为：

C:\> 命令名　参数 1　参数 2……参数 n

其中，"命令名"为可执行文件名，命令名和各参数间用空格分隔。例如，有一个目标文件名为 cfile.exe，若想将两个字符串"China"和"Beijing"作为 main( )函数实参，可以写成以下形式：

C:\> cfile　China　Beijing

main( )函数中第一个形参 argc 表示命令行中参数的个数（包括命令名），argc 的值是在输入命令行时由系统按实际参数的个数自动赋予的。上例中共有 3 个参数，因此，argc 的值为 3。第二个形参 argv 是一个指向字符串的指针数组，其各元素值为命令行中各字符串的首地址。argv[0]指向字符串"cfile"，argv[1]指向字符串"China"，argv[2]指向字符串"Beijing"，如图 8-13 所示。

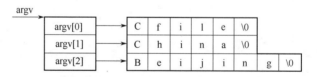

图 8-13　argv 指针数组

下面举例说明 main( )函数对参数 argc 和 argv 的引用方法。

【例 8.14】编写程序，实现执行程序时回显命令行中的各参数。源程序文件名为 cfile。

```
#include <stdio.h>
main(int argc,char *argv[])
{
     while(argc>1)
        { ++argv;
          printf("%s\n",*argv);
          --argc;
        }
}
```

程序经过编译、连接后生成可执行文件 cfile.exe，运行时在操作系统状态下键入命令行：

```
cfile  China  Beijing ✔
```

输出结果为：

```
China
Beijing
```

如果参数本身有空格，须用双引号括起来。例如：

输入：<u>cfile　China　"Bei jing"</u> ✔

输出结果为：

```
China
Bei jing
```

8.3.4　返回指针值的函数

一个函数可以返回一个整型值、字符值、实型值等，也可以返回一个指针型数据，即地址。这种返回指针值的函数也称为指针型函数。

定义返回指针值函数的一般形式为：

类型说明符　*函数名(形参表)

```
{
    …            //函数体
}
```

其中，函数名之前的"*"号，表明这是一个指针型函数，即返回值是一个指针；"类型说明符"表示返回的指针值所指向的数据类型。例如：

```
int *fun(int x,int y)
{
    …            //函数体
}
```

表示 fun( )是一个返回指针值的指针型函数，它返回的指针指向一个整型变量。

【例 8.15】在一个字符串中查找一个指定的字符，并输出从该字符开始的子字符串。

```
#include <string.h>
#include <stdio.h>
char *match(char *str,char c)      //定义返回指针值的函数
{
    char *t;
    while(*str!=c && *str!='\0')
        str++;
    if(*str==c)
        t=str;
    else
        t=0;
    return(t);
}
main()
{
    char s[50],*p,ch;
    gets(s);
    ch=getchar();
    p=match(s,ch);
    if(p)                           //如果 p 不为空
        printf("%s\n",p);
```

```
    else
        printf("no find!\n");
}
```

程序运行结果:

```
I love china✓
c✓
china
```

该例中，定义了一个返回指针值的函数 match( )，其形参 str 为指针变量，形参 c 为字符型变量。在主函数 main( )中，定义一个字符数组 s[50]和字符型变量 ch，分别存放输入的字符串和待查找的字符，然后将字符数组 s 和字符 ch 作为实参，分别传递给相应的形参 str 和 c。在函数 match( )中，通过循环在字符串中查找待查字符，如果找到，返回待查字符首次出现的地址，否则返回 0，并将返回结果赋值给主函数中的指针变量 p，最后通过判断指针变量 p 的值，输出相应的结果。

【例 8.16】输入一个 1～7 之间的整数，输出对应的英文星期名。用返回指针值的函数实现。

```
#include <stdio.h>
#include <string.h>
char *day_name(char *p[],int n)        //定义返回指针值函数，形参 p 是指针数组
{
    char *t;
    if(n<1||n>7)
        t=p[0];
    else
        t=p[n];
    return(t);                          //返回字符串的首地址
}
main()
{
    char *name[8]={"Illegal day","Monday","Tuesday","Wednesday",
        "Thursday","Friday", "Saturday","Sunday"};
    char *pn;
    int i;
    printf("请输出一个 1～7 之间的整数:");
    scanf("%d",&i);
    pn=day_name(name,i);                //调用函数 day_name，并把返回的地址赋给 pn
    printf("整数%d 所对应的英文星期名为：%s\n",i,pn);
}
```

程序运行结果:

请输出一个 1～7 之间的整数: 3✓

整数 3 所对应的英文星期名为：Wednesday

该例中，定义了一个返回指针值的函数 day_name( )，其形参 p 为指针数组，形参 n 为指针数组的个数，即字符串的个数。在主函数 main( )中，定义一个指针数组 name[ ]，并进行初始化，然后将指针数组 name[ ]和输入的整数 i 作为实参，传递给相应的形参。函数 day_name( )调用结束时，将整数 i 所对应的英文星期名的首地址返回主函数，并赋给指针变量 pn。

8.4 本 章 小 结

指针是 C 语言中一个重要的组成部分，也是全书的重点和难点所在。能否正确理解和使用指针是是否掌握 C 语言的一个重要标志。本章主要介绍了指针的基本概念、指针变量的定义、初始化和引用、指针与数组、指针与字符串等内容。

1. 指针的概念

指针即地址，变量在内存中的起始地址称为变量的指针。指针变量是指专门用于存储其他变量地址的变量。

2. 指针的运算

（1）取地址运算符&：求变量的地址。

取内容运算符*：求指针所指向的变量的内容，即变量的值。

（2）算术运算：指向数组、字符串的指针变量可以进行加减运算，如 p+n，p-n，p++，p--等。指向同一数组的两个指针变量还可以相减，表示两指针之间的数据个数。

（3）关系运算：指向同一数组的两个指针变量之间可以进行大于、小于、等于关系运算。表示两个指针之间位置的前后关系。指针可与 0 比较，p==0 表示 p 为空指针。

3. 有关指针的各种定义及其含义如下：

int	*p:	p 为指向整型数据的指针变量。
int	(*p)[n]:	p 为指向含有 n 个元素的一维数组的指针变量。
int	*p[n]:	p 为指针数组，由 n 个指向整型数据的指针元素组成。
int	*p( ):	p 为返回指针值的函数，该指针指向整型数据。
int	**p:	p 为指向一个整型指针变量的指针变量。

使用指针编程，便于表示各种数据结构，实现函数之间的数据共享和动态的存储分配，提高程序的编译效率和执行速度。但同时也应该看到，由于指针使用非常灵活，对熟练的编程人员来说，可以利用它编写出颇具特色、质量优良的程序，实现许多其他高级语言难以实现的功能，但是它也特别容易出错，而且这种错误往往难以发现。如果使用不当，会成为一个极其隐蔽、难以发现和排除的故障。因此，使用指针编程要十分小心，应多上机练习，在实践中逐步掌握指针。

8.5 习 题

一、单项选择题

1. 变量的指针，其含义是指该变量的（ ）。

  A．值   B．名   C．地址   D．一个标志

2. 若有定义：int a,*p;则以下正确的赋值语句是（ ）。

  A．p=&a;   B．p=a;   C．*p=&a;   D．*p=*a;

3. 若有语句 int *p,a=4;和 p=&a;下面均代表地址的一组选项是（ ）。

  A．a, p, *&a   B．&*a, &a, *p

C．*&p，*p，&a   D．&a，&*p，p

4．若有声明 int *p,m=5,n;以下正确的程序段是（　　）。

A．p=&n;   B．p=&n;

　　scanf("%d",&p);   scanf("%d",*p);

C．scanf("%d",&p);   D．p=&n;

　　*p=n;   *p=m;

5．若有以下定义：

int a[5],*p=a;

则对 a[ ]数组元素的正确引用是（　　）。

A．*&a[5]   B．a+2   C．*(p+5)   D．*(a+2)

6．若有以下定义，则 p+5 表示（　　）。

int a[10],*p=a;

A．元素 a[5]的地址   B．元素 a[5]的值

C．元素 a[6]的地址   D．元素 a[6]的值

7．设 int a=8,*p=&a;则 printf("%d\n",++*p);的输出是（　　）。

A．7   B．8   C．9   D．地址值

8．若有以下定义和赋值：

int i=1,j=0,*p=&i,*q=&j;

则下面赋值语句中叙述错误的是（　　）。

A．*p=*q;等同于 i=j

B．*p=*q;是把 q 所指变量中的值赋给 p 所指的变量

C．*p=*q;将改变 p 中的值

D．*p=*q;将改变 i 中的值

9．若已有定义：int a[ ]={1,2,3,4,5};则对定义 int *p=a;正确的描述是（　　）。

A．定义不正确

B．初始化变量 p，使其指向数组 a 的第一个元素

C．把 a[0]的值赋给变量 p

D．把 a[1]的值赋给变量 p

10．若已有定义：int a[10],*p=a;以下不正确的赋值语句是（　　）。

A．p=a+5;   B．a=p+a;   C．a[2]=p[4];   D．*p=a[0];

11．若有定义：float a[5],*p=a;若 p 中当前的地址值为 65490，则执行 p++后，p 中的值为（　　）。

A．65490   B．65492   C．65494   D．65498

12．已有定义 int k=2;int *p1,*p2;且 p1 和 p2 均已指向变量 k，下面不能正确执行的赋值语句是（　　）。

A．k=*p1+*p2;   B．p2=k;   C．p1=p2;   D．k=*p1*(*p2);

13．下面能正确进行字符串赋值操作的是（　　）。

A．char s[5]={"abcde"};   B．char s[5];s="abcde";

C．char *s;s="abcde";   D．char *s;scanf("%s",s);

14．若有定义：int (*p)[4];则标识符 p( )。

  A．是一个指向整型变量的指针

  B．是一个指针数组名

  C．是一个指针，它指向一个含有 4 个整型元素的一维数组

  D．定义不合法

15．对于语句 int *p[5];下列说法正确的是( )。

  A．p 是一个指向数组的指针，所指向的数组有 5 个整型元素

  B．p 是一个指向某数组中第 5 个元素的指针，该元素是整型数据

  C．p 是一个行指针，它指向一个含有 5 个整型元素的一维数组

  D．p 是一个具有 5 个元素的指针数组，每个元素都是一个整型指针

16．下面程序段的运行结果是（ ）。

```
char *s="abcde";
s+=2;
printf("%s",s);
```

  A．cde   B．字符 c   C．字符 c 的地址   D．无确定的输出结果

17．下面程序的运行结果是（ ）。

```
#include <stdio.h>
void sub(int x,int y,int *z)
{
    *z=y-x;
}
main()
{
    int a,b,c;
    sub(10,5,&a);
    sub(7,a,&b);
    sub(a,b,&c);
    printf("%d,%d,%d\n",a,b,c);
}
```

  A．5,2,3   B．-5,-12,-7   C．-5,-17,-12   D．5,-2,-7

18．设有定义：int n=0,*p=&n,**q=&p;则以下选项中，正确的赋值语句是（ ）。

  A．p=1;   B．*q=2;   C．q=p;   D．*p=5;

19．设有定义：char b[5],*s=b;则正确的赋值语句是（ ）。

  A．b="abcd";   B．*b="abcd";

  C．s="abcd";   D．*s="abcd";

二、填空题

1．在 C 语言中，取地址符是_____。

2．定义指针变量时必须在变量名前加_____，指针变量是存放_____的变量。

3．指针变量的类型是指_____。

4．设指针 p 定义为：int a[ ]={5,10,15};*p=a;则 *p++的值是_____，若 p=&a[1];则*--p 的值是_____。

5．若程序中有定义：int *p=NULL;则在其之前的 include 行中必须包含的头文件是

_____。

6．设 char *s="china";则执行 printf("%s",s+1);语句的结果是_____。

7．以下 fun( )函数需要返回一个 char 存储单元的地址，请填空。

　　_____fun(char c){…}。

8．以下程序的运行结果是_____。

```
#include <stdio.h>
main()
{
    int a[]={30,20,15,10,5,1},*p=a;
    p++;
    printf("%d\n",*(p+3));
}
```

9．以下程序的运行结果是_____。

```
#include <stdio.h>
#include <string.h>
main()
{
    char *p[10]={"abc","aabdfg","fdhhk","eiuiroe","dj"};
    printf("%d\n",strlen(p[4]));
}
```

10．若有定义：int a[2][3]={2,4,6,8,10,12};则*(&a[0][0]+2*2+1)的值是_____，
*(a[1]+2)的值是_____。

11．下面程序的运行结果是_____。

```
#include <stdio.h>
main()
{   int  a[4]={1,3,5,7};
    int  i,*p;
    p=a;
    printf("%d,%d",*p,*++p);
}
```

12．下面程序的运行结果是_____。

```
#include <stdio.h>
main()
{   int  a=1,b=2,*p,**pp;
    pp=&p;p=&a;p=&b;
    printf("%d,%d\n",*p,**pp);
}
```

三、编程题

1．用指针编程，将字符串 computer 赋给一个字符数组，然后从第一个字母开始间隔地输出该串。

2．设有一数组，包含 10 个整数，已按升序排好。现要求编一程序，它能够把从指定位置开始的 n 个数按逆序重新排列并输出新的完整数列。进行逆序处理时要求使用指针方法。例如：原数列为 2，4，6，8，10，12，14，16，18，20，若要求把从第4 个数开始的 5 个数按逆序重新排列，则得到新数列为 2，4，6，16，14，12，10，8，18，20。

3．编写一个函数 f(char *s)，其功能是把字符串中的内容逆置。例如，字符串中原有

的内容为 abcde，则调用该函数后，字符串中的内容为 edcba。

4. 编写一个函数 int charcount(char *s,char c)，其功能是统计一个字符在字符串 s 中出现的次数，并在主函数中对其进行测试。

C

第3篇 综合应用篇

　　本篇以学生信息管理系统项目为背景，学习结构体和文件的内容。该项目分解为两个子任务，分别贯穿于第9~10章中进行分析和实现。

　　通过本篇的学习，学生应掌握小型系统程序设计的基本方法，掌握程序设计基本框架的搭建和模块化程序设计的基本思想，能够使用结构体变量、结构体数组和函数编写小型应用程序，具备利用 C 语言进行软件设计的能力。

学生信息管理系统项目概述

1. 项目涉及的知识要点

项目涉及的知识点主要包括函数、数组、结构体、文件操作等内容。其中函数、数组等内容在第 2 篇已进行了介绍，在此不再重复。结构体、文件操作两部分的知识将分别在第 9 章和第 10 章中详细介绍。

2. 项目主要目的和任务

通过结构体和函数的综合应用来实现一个具体的应用项目，使学生掌握小型系统程序设计的基本方法，掌握程序设计基本框架的搭建和模块化程序设计的基本思想，能够使用工具进行程序系统调试，培养学生利用 C 语言进行软件设计的能力。

3. 项目功能描述

该项目主要实现对批量学生信息的管理，通过学生信息管理系统能够进行学生信息的增加、浏览、查询、删除、统计等功能，实现学生管理工作的系统化和自动化。系统功能模块结构如图 C-1 所示。

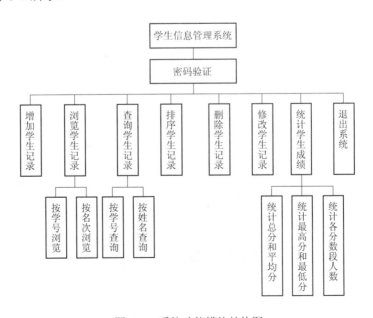

图 C-1　系统功能模块结构图

系统各模块的功能说明如下：

（1）密码验证模块，主要实现登录密码的验证工作。系统初始密码为 123456。

（2）增加学生记录模块，主要实现学生学号、姓名、性别、三门课（语文、数学、英语）成绩等相关信息的录入和添加。

（3）浏览学生记录模块，可按照学生学号或总分名次进行学生信息的浏览。

（4）查询学生记录模块，可按照学生学号或姓名进行学生信息的查询，并将查询到的学生信息显示出来。

（5）排序学生记录模块，可按照学生学号升序排列学生的信息。

（6）删除学生记录模块，可按照学号删除某一学生的信息。

（7）修改学生记录模块，可按照学号修改学生基本信息（学号、姓名、性别）和成绩信息（语文、数学、英语）。

（8）统计学生成绩模块，可统计每门课程的总分和平均分、每门课程的最低分和最高分、每门课程各分数段学生人数，并显示相应的统计结果。

（9）退出系统模块，实现系统的正常退出。

4. 项目界面设计

（1）密码验证界面。在用户登录系统时，输入密码进行验证，如图 C-2 所示。

图 C-2　密码验证界面

（2）主界面。如果密码正确，则进入主界面，如图 C-3 所示。用户可选择 0～7 之间的数字，调用相应功能进行操作。当输入 0 时，退出系统。

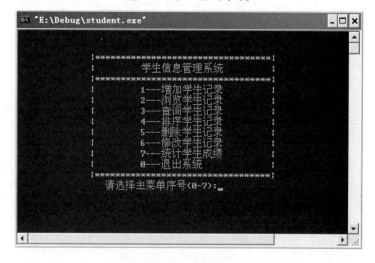

图 C-3　主界面

（3）增加学生记录界面。当用户在主界面中输入 1 并按回车键后，进入增加学生记录界面，可按照系统提示的学号、姓名、性别、三门课程成绩进行学生信息的添加，如图 C-4 所示。

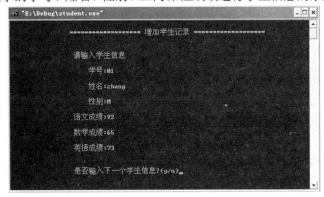

图 C-4　增加学生记录界面

（4）浏览学生记录界面。当用户在主界面中输入 2 并按回车键后，进入浏览学生记录界面，可按照学生学号或总分名次进行学生信息的浏览，如图 C-5 所示。

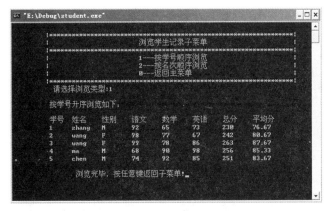

图 C-5　浏览学生记录界面

（5）查询学生记录界面。当用户在主界面中输入 3 并按回车键后，进入查询学生记录界面，可按照学生学号或姓名进行学生信息的查询，如图 C-6 所示。

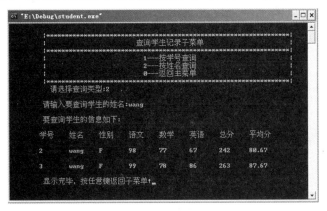

图 C-6　查询学生记录界面

（6）排序学生记录界面。当用户在主界面中输入 4 并按回车键后，进入排序学生记录界面，可按照学生学号升序排列学生的信息，如图 C-7 所示。

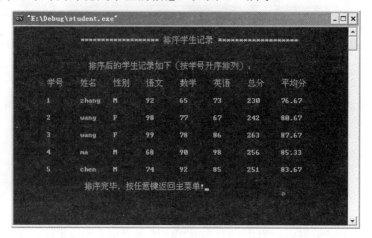

图 C-7　排序学生记录界面

（7）删除学生记录界面。当用户在主界面中输入 5 并按回车键后，进入删除学生记录界面，可按照学号删除某一学生的信息，如图 C-8 所示。

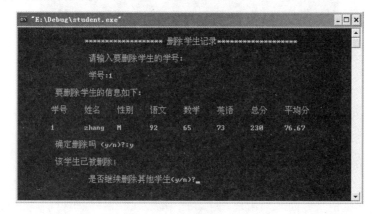

图 C-8　删除学生记录界面

（8）修改学生记录界面。当用户在主界面中输入 6 并按回车键后，进入修改学生记录界面，可按照学号修改学生基本信息和成绩信息，如图 C-9 所示。

（9）统计学生成绩界面。当用户在主界面中输入 7 并按回车键后，进入统计学生成绩界面，可统计每门课程的总分和平均分、每门课程的最低分和最高分、每门课程各分数段学生人数，如图 C-10 所示。

5. 项目任务分解

该项目分解为两个子任务，每个子任务及其对应的章节如下。

第 9 章：　任务一　用结构体实现项目中学生信息的增加、浏览和修改

第 10 章：任务二　项目中数据的存储

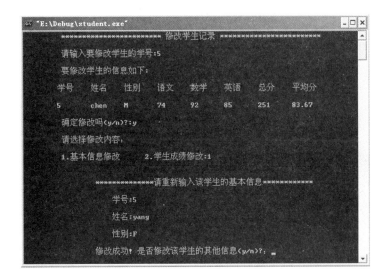

图 C-9　修改学生记录模块界面

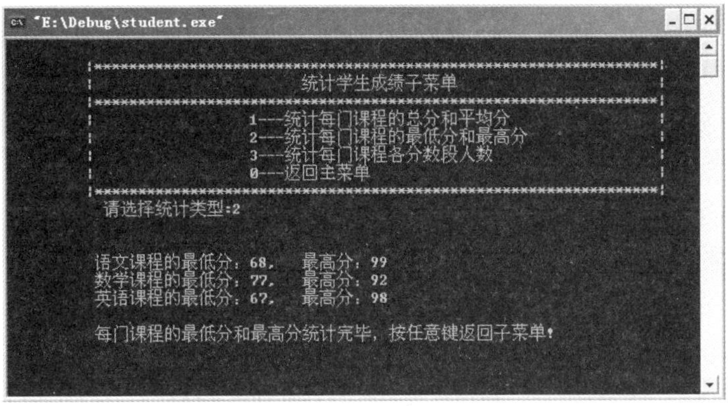

图 C-10　统计学生成绩模块界面

第9章 项目中结构体的应用

在前面的章节中，已经学习了 C 语言的基本数据类型（整型、实型、字符型）和一个简单的构造数据类型（数组）。对单个的数据可以通过定义独立变量进行存储和处理，而数目固定、数据类型相同的数据可以通过数组来描述和处理。但在实际问题中，一组数据往往具有不同的数据类型，用单一的基本数据类型和数组都难以表示。例如，一个班有 50 名学生，要求进行学生信息的管理，每一名学生的信息包括学号、姓名、性别、三门课（语文、数学、英语）的成绩。对于这样的数据，显然无法用单一数据类型来表示。这就需要更为复杂的数据类型，C 语言中的结构体数据类型能够实现这一功能。

本章将结合学生信息管理系统项目中学生信息的增加、浏览和修改，介绍结构体的定义、结构体变量、结构体数组、结构体指针的使用方法。

学习目标：
- 理解和掌握结构体类型说明、结构体变量的定义和引用；
- 理解和掌握结构体数组的定义和引用，并能够引用结构体数组进行批量数据的处理和分析；
- 理解结构体类型指针变量的定义和引用；
- 理解共用体和枚举类型的构造、定义和引用。

9.1 任务一 用结构体实现项目中学生信息的增加、浏览和修改

1. 任务描述

该项目采用模块化程序设计，实现学生信息的增加、浏览、修改和统计等功能。由主函数 main( )、输入函数 InputStu( )、浏览函数 BrowseStu( )和修改函数 ModifyStu( )等功能模块组成。由于学生信息管理系统模块较多，本章内容只选取增加、浏览和修改三个典型模块进行介绍，其他模块可通过实验实训课程进行系统掌握。

2. 任务涉及知识要点

该任务涉及到的知识点主要是结构体数据类型的定义、引用及结构体数组在函数间的传递等相关知识，其具体内容将在 9.2 节的理论知识中进行详细介绍。

3. 任务分析

（1）结构体的构造

要实现学生信息的管理，首先要解决的问题是学生信息的数据结构构造。在该项目中，

通过定义一个结构体数组 struct student stu[N]来实现对学生信息的描述，其中的符号常量 N（如 N=50）为最大学生人数。在调用函数时，将结构体数组名作函数参数，但班级实际学生人数可能在 0～N 之间，其值随着学生信息的增加、删除而不断的变化。因此，对学生实际人数的描述和使用，第一种方法是定义一个全局整型变量来记录学生的人数，但由于全局变量增加了函数之间的关联性，一般不采用此方法。第二种方法是定义一个整型指针变量来记录学生人数，在函数调用过程中通过指针变量作参数来进行传递。

（2）函数功能

增加学生记录函数 InputStu( )实现学生数据的录入；浏览学生记录函数 BrowseStu( )可按学号顺序和名次顺序进行浏览。在浏览之前，采用冒泡法用结构体数组 temp_stu[ ]对学生信息进行排序；修改学生记录函数 ModifyStu( )可按照学生的学号进行查找，若查找到则根据提示修改学生信息。相关的代码详见附录Ⅴ。

（3）数据保存

对学生信息的管理，数据保存是一个重要的环节。在程序运行后，对学生信息进行的增加、修改、删除等一系列操作，都使数据发生了变化，但随着程序运行的结束，所有的数据都会从内存中清除。再次执行程序时，又需要重新输入、修改学生信息数据，这显然不可取。因此，可以将学生信息数据保存到文件中，数据以磁盘文件的形式长久保存，待需要时从文件中读取即可。

由于本章的重点是结构体的使用及综合实现，我们在本章中将系统简化，将学生人数固定（如 N=10），暂不涉及文件的读取和保存操作，关于文件操作的相关内容详见第10 章。

4. 任务实现

（1）结构体类型定义

```
#define N 10          //学生总人数10 人
struct student
{
    int  no;          //学号
    char name[20];    //姓名
    char sex;         //性别
    int  score[3];    //语文、数学、英语三门课的成绩
    int  sum;         //总分
    float average;    //平均分
};
```

（2）主函数设计

```
main()
{
    struct student stu[N];
    int choose,flag=1;                          //flag 为标志变量
    PassWord();                                 //密码验证
    while(flag)
    {
        system("cls");                          //清屏
        Menu();                                 //显示系统主菜单
        printf("\t\t 请选择主菜单序号(0-7):");
```

```
        scanf("%d",&choose);
        switch(choose)
        {
            case 1:InputStu(stu,N);break;          //增加学生记录
            case 2:BrowseStu(stu,N);break;         //浏览学生记录
            case 3:SearchStr(stu,N);break;         //查询学生记录
            case 4:SortStu(stu,N);break;           //排序学生记录
            case 5:DeleteStu(stu,N);break;         //删除学生记录
            case 6:ModifyStu(stu,N);break;         //修改学生记录
            case 7:CountScore(stu,N);break;        //统计学生成绩
            case 0:return;
        }
    }
}
```

（3）增加学生记录函数

```
void InputStu(struct student stu[],int n)
{
    int i;
    system("cls");
    for(i=0;i<n;i++)
    {
        printf("增加学生记录\n");
        printf("\n 请输入学生信息\n");
        printf("\n 学号:");        scanf("%d",&stu[i].no);
        printf("\n 姓名:");        scanf("%s",&stu[i].name);
        printf("\n 性别:");        scanf("\n%c",&stu[i].sex);
        printf("\n 语文成绩:");     scanf("%3d",&stu[i].score[0]);
        printf("\n 数学成绩:");     scanf("%3d",&stu[i].score[1]);
        printf("\n 英语成绩:");     scanf("%3d",&stu[i].score[2]);
        stu[i].sum=stu[i].score[0]+stu[i].score[1]+stu[i].score[2];
        stu[i].average=stu[i].sum/3.0;
    }
    return;
}
```

（4）浏览学生记录函数

```
void BrowseStu(struct student stu[],int n)
{
    printf("\n\t 按学号升序浏览如下: \n");
    printf("\n\t 学号\t 姓名\t 性别\t 语文\t 数学\t 英语\t 总分\t 平均分\n");
    for(i=0;i<n;i++)
    {
        printf("\t%d\t%s\t%c\t%d\t%d\t%d\t%d\t%.2f\n",stu[i].no,
            stu[i].name,stu[i].sex,stu[i].score[0],stu[i].score[1],
            stu[i].score[2],stu[i].sum,stu[i].average);
    }
    printf("\n\t\t 浏览完毕, 按任意键返回主菜单!");
    getch();
    return:
}
```

（5）修改学生记录函数

```
void ModifyStu(struct student stu[],int n)
{
    int xh,i;
    printf("\n\t 请输入要修改学生的学号:");
    scanf("%d",&xh);
    for(i=0;i<n;i++)
        if(stu[i].no==xh) break;
    printf("\n\n\t\t 请重新输入该学生的信息\n");
    printf("\n\t\t 学号:");        scanf("%d",&stu[i].no);
    printf("\n\t\t 姓名:");        scanf("%s",stu[i].name);
    printf("\n\t\t 性别:");        scanf("\n%c",&stu[i].sex);
    printf("\n\t\t 语文成绩:");    scanf("%d",&stu[i].score[0]);
    printf("\n\t\t 数学成绩:");    scanf("%d",&stu[i].score[1]);
    printf("\n\t\t 英语成绩:");    scanf("%d",&stu[i].score[2]);
    stu[i].sum=stu[i].score[0]+stu[i].score[1]+stu[i].score[2];
    stu[i].average=stu[i].sum/3.0;
    return;
}
```

程序说明：

（1）为了节省篇幅，相应的函数只给出主要部分，删除函数 DeleteStu( )、排序函数 SortStu( )、查询函数 SearchStr( )、统计函数 CountScore( )详见附录 V，在此不再冗述。

（2）在调用每个函数时，需要将结构体数组名 stu 作为实参，因为数组名就是该数组的首地址，所以实参向形参传递的是一个地址，这是一种传址调用。

（3）上述的函数只给出了最基本的功能，如浏览学生记录函数 BrowseStu( )，只是按学号顺序进行浏览。在学生信息管理系统中，还可按照学生总分名次进行信息的浏览，上述函数详细实现可参考附录 V。

5. 要点总结

该项目实现了学生信息的输入、浏览、排序、查找、统计等功能。项目中使用的结构体数组可以与数据库的相关知识结合，在 C 语言中一个结构体变量即相当于一条记录。结构体数组与一般数组存储的数据结构明显不同，但在函数的调用形式、数据的访问方法上基本相同。

9.2　理　论　知　识

9.2.1　结构体类型和结构体变量的定义

在 C 语言中，数组是由具有相同数据类型的数据组成的集合体，而结构体类型是由不同数据类型的数据组成的集合体，它和数组一样，是一种构造的数据类型。

9.2.1.1　结构体的概念

现实生活的许多领域中，存在着大量需要作为一个整体来处理的不同类型的数据，而且这些组合在一个整体中的数据是互相联系的。

例如，学生基本情况的描述为：学号（no）、姓名（name）、性别（sex）、三门课的成绩（score[3]）、总分（sum）、平均分（average）等。它们都是同一个对象——学生的属性，但又不属于同一数据类型。如果把它们分别定义为互相独立的简单变量就难以反映它们之间的内在联系，应当把它们组合成一个整体，这个整体中包含若干个不同类型的数据项，这就是"结构体"（structure）类型。

9.2.1.2　结构体变量的定义

1. 结构体类型的说明

　　C 语言没有提供现成的结构体数据类型，因此，必须在程序中事先定义自己需要的结构体类型。

　　说明一个结构体类型的一般形式是：

```
struct   结构体名
{
    类型名 1      成员名 1;          //结构体成员项表列
    类型名 2      成员名 2;
    类型名 3      成员名 3;
    …
};                                   //注意，不要忘记花括号外的分号
```

　　由此可以看出，一个结构体类型有其专用的标志，它由两个标识符组成，其中第一个标识符为关键字 struct，第二个标识符为结构体名，由程序设计人员按照标识符的命名规则来指定。这两者联合起来组成一个"类型标识符"，即"类型名"。

　　例如，以下语句声明了一个学生的相关信息。

```
struct  student
{
    int    no;              //学号
    char   name[20];        //姓名
    char   sex;             //性别
    int    score[3];        //三门课程（语文、数学、英语）的成绩
    int    sum;             //总分
    float  average;         //平均成绩
};
```

结构体类型具有以下特点：

　　（1）它由若干个数据项组成，每一个数据项都必须属于一种已定义的类型，且各个数据项的类型可以不相同。每一个数据项称为一个结构体的成员，也称为"域"。比如在上面的定义中，no,name,sex 等不是变量名而是结构体类型 struct   student 的成员名。在一个函数中，可以另外定义与结构体成员同名的变量名，它们代表不同的对象。

　　例如，下面的定义是允许的。

```
struct  student
{
    int   age;
    char  sex;
};
int   age;
char  sex;
```
成员名
变量名

（2）当一个结构体类型的成员项又是另一个结构体类型的变量时，就形成了结构体的嵌套。

例如，下面语句声明了一名员工的相关信息。

```
struct  date
{
    int  month;
    int  day;
    int  year;
};
struct  person
{
    char      name[20];
    char      sex;
    struct  date  birthday;
    char      address[20];
};
```

结构体 person 包含有 birthday 成员项，该成员项又是一个结构体类型 date 的变量。

注意：定义一个结构体类型并不意味着系统将分配一段内存单元来存放各数据项成员。因为这只是定义类型而不是定义变量，只有在定义变量以后，才分配实际存储单元。

2. 结构体变量的定义

可以用以下三种方法来定义一个结构体类型的变量。

（1）先定义结构体类型再定义该结构体类型的变量

在已定义好结构体类型之后，再定义结构体变量的一般形式如下：

struct 结构体名 结构体变量名表;

例如，在上面已经定义了一个结构体类型 struct　student，现在可以用它来定义结构体变量。如：

```
struct  student  stu1, stu2;
```

注意：这里 struct　student 代表类型名（类型标识符），正如用 int 定义变量时 int 是类型名一样，struct student 相当于 int 的作用，所以不能写成：

```
struct  stu1, stu2;
```

或

```
student  stu1, stu2;
```

注意：stu1 和 stu2 为 struct student 类型的变量，即它们具有 struct student 类型的结构，系统会为它们分配内存单元。在基于 16 位的编译系统中（如 Turbo C 2.0），stu1 和 stu2 在内存中各占 2+20+1+6+2+4=35 个字节。由此可知，一个结构体变量所占内存长度是各成员占的内存长度之和。

（2）在定义一个结构体类型的同时定义该结构体类型的变量

例如：

```
struct  student
{   int    no;
    char  name[20];
    char  sex;
    int    score[3];
    int    sum;
```

```
    float average;
}stu1,stu2;
```
它的一般形式为:

struct　结构体名

{

　　成员表列

}　变量名表列;

这是一种紧凑形式,它既定义了类型又定义了变量。

(3) 直接定义结构体类型的变量

例如:

```
struct
    {   int    no;
        char   name[20];
        char   sex;
        int    score[3];
        int    sum;
        float  average;
    }stu1,stu2;
```

它的一般形式为:

struct

{

　　成员表列

}　变量名表列;

这种形式只是定义了花括号外的结构体类型的变量,没有指定此结构体类型的名字,因此,以后不能再用它来定义其他变量。

对于结构体类型,有以下几点需要说明:

(1) 类型与变量是不同的概念,不要混同。对结构体变量来说,在定义时一般先定义一个结构体类型,然后定义该类型的变量。只能对变量赋值、存取或运算,而不能对一个类型赋值、存取或运算。在编译时只对变量分配存储空间,对类型不分配空间。

(2) 对于某个具体的结构体类型,成员的数量必须固定。

(3) 对结构体中的成员可以单独使用,它的作用与地位相当于普通变量。

(4) 结构体类型的成员也可以是一个结构体变量,相应地,它们在内存中的存储空间长度是所有项所占存储空间长度之和。例如:

```
struct  date
{ int  month;
  int  day;
  int  year;
};
struct  person
{ char    name[20];
  char    sex;
  struct  date  birthday;
  char    address[20];
} person1;
```

它的数据结构见表 9-1。

表 9-1　　　　　　　　　　　　结构体变量 person1 的数据结构

name[20]	sex	birthday			address[20]
		month	day	year	

从表 9-1 中可以看出变量 person1 为 struct person 类型，在基于 16 位的编译系统中（如 Turbo C 2.0），它占存储单元 20+1+2+2+2+20=47 个字节。

9.2.1.3　结构体变量的初始化和引用

1. 结构体变量的初始化

与其他类型变量一样，结构体变量也可以在定义的同时赋初值。在初始化时，按照所定义的结构体类型的数据结构，依次写出各成员的初始值，C 编译程序将会对应赋给此变量中的各个成员，不允许跳过前边的成员给后面的成员赋初值，但可以只给前面的若干个成员赋初值，对于后面未赋初值的成员，若为数值型和字符型，系统将自动赋初值零。

例如，定义一个学生的结构体变量 stu1。

```
struct student
{
    int    no;
    char   name[20];
    char   sex;
    int    score[3];
    int    sum;
    float average;
}stu1={10001,"zhanghua",'M',70,80,85};
```

由于学生总分 sum 和平均分 average 是通过计算得到的，所以在初始化中不再给出。

2. 结构体变量的引用

（1）结构体变量中成员的引用

由于一个结构体变量是一个整体，要访问其中的一个成员，必须先找到这个结构体变量，然后再从中找出该成员。因此，引用结构体变量中成员的一般形式为：

结构体变量名.成员名

其中的圆点符号称为成员运算符。例如，要访问 stu1 变量中的成员 no，可写成 stu1.no 的形式。

如果有两个变量 stu1 和 stu2 均定义为同一个结构体类型，为引用两个变量中的成员 no，应分别用 stu1.no 和 stu2.no，它们代表内存中不同的存储单元，有不同的值。

对于结构体嵌套，在访问一个成员时应采用逐级访问的方法，直到得到所需访问的成员为止。例如，访问 person1 变量中出生年份成员值的方法是：

```
person1.birthday.year
```

注意：只能对最低一级的成员进行访问。

（2）结构体变量的整体引用

可以将一个结构体变量作为一个整体赋值给另一个同类型的结构体变量。

例如，前面定义的 student 结构体类型变量 stu1,stu2。

```
struct student su1,stu2;
…
stu1=stu2;
```

执行赋值语句后，将 stu2 变量中各成员项依次赋给 stu1 中相应的各成员。

【例 9.1】编程输入学生信息，输出学生的信息及总分和平均分，观察结构体变量及其成员在程序中的引用。

```
#include <stdio.h>
struct  student
{
  int    no;
  char   name[20];
  char   sex;
  int    score[3];
  int    sum;
  float average;
};
main()
{
  struct student stu1;
  int i;
  stu1.sum=0;
  scanf("%d",&stu1.no);
  scanf("%s",stu1.name);
  scanf("\n%c",&stu1.sex);
  for(i=0;i<3;i++)
  {
      scanf("%d",&stu1.score[i]);
      stu1.sum=stu1.sum+stu1.score[i];
  }
  stu1.average=stu1.sum/3.0;
  printf("no is %d,name is %s,sex is %c\n",stu1.no, stu1.name,stu1.sex);
  printf("sum is %d,average is %.2f\n",stu1.sum,stu1.average);
}
```

程序运行结果：
1↙
zhang↙
m↙
70↙
80↙
90↙
no is 1,name is zhang,sex is m
sum is 240,average is 80.00

9.2.2　结构体数组

结构体数组是指数组的每一个元素都是具有相同结构的结构体变量，比如一个单位所有员工的信息、一个班级学生的信息，都要用结构体数组来描述。

9.2.2.1　结构体数组的定义

定义结构体数组的方法与定义结构体变量的方法相似，只需多加一个方括号来表示其为数组。

（1）先定义结构体类型，再定义结构体数组。例如：

```
struct student
{
    int    no;
    char   name[20];
    char   sex;
    int    score[3];
    int    sum;
    float  average;
};
struct  student  stu[10];
```

以上定义了一个结构体数组 stu[]，它有 10 个元素，每个元素都为 struct student
类型。该数组各元素在内存中连续存放，占用一段连续的存储单元。

（2）在定义结构体类型的同时定义结构体数组。例如：

```
struct student
{
    int    no;
    char   name[20];
    char   sex;
    int    score[3];
    int    sum;
    float  average;
}stu[10];
```

（3）直接定义结构体数组

```
struct
{
    int    no;
    char   name[20];
    char   sex;
    int    score[3];
    int    sum;
    float  average;
}stu[10];
```

这三种方法定义的效果相同。

9.2.2.2　结构体数组的初始化

与普通数组一样，也可以在定义结构体数组时直接进行初始化。其一般形式为在定义
数组的后面加上"={ 初值表列 }"。

注意：要将每个元素的数据分别用花括号括起来。例如：

```
struct  student
{
    int    no;
    char   name[20];
    char   sex;
    int    score[3];
    int    sum;
    float  average;
}
stu[3]={{1001,"Liyang",'M',67,89,65},{1002,"Wangming",'F',56, 72,63},
        {1003,"Zhaoli",'M',65,78,83}};
```

由于学生总分 sum 和平均分 average 是通过计算得到的，所以在初始化中不再给出。

9.2.2.3 结构体数组的引用

一个结构体数组的元素相当于一个结构体变量，所以前述的关于结构体变量的引用方法对结构体数组元素也适用。

【例9.2】输入学生的信息，计算总分与平均分后输出。

```c
#include <stdio.h>
struct student
{
  int    no;
  char   name[20];
  char   sex;
  int    score[3];
  int    sum;
  float  average;
};
main()
{
    struct student stu[2];
    int i;
    for(i=0;i<2;i++)
    {
       printf("学号:");        scanf("%d",&stu[i].no);
       printf("姓名:");        scanf("%s",stu[i].name);
       printf("性别:");        scanf("\n%c",&stu[i].sex);
       printf("语文成绩:");    scanf("%3d",&stu[i].score[0]);
       printf("数学成绩:");    scanf("%3d",&stu[i].score[1]);
       printf("英语成绩:");    scanf("%3d",&stu[i].score[2]);
       stu[i].sum=stu[i].score[0]+stu[i].score[1]+stu[i].score[2];
       stu[i].average=stu[i].sum/3.0;
    }
    printf("\n\t学号\t姓名\t性别\t语文\t数学\t英语\t总分\t平均分\n");
    for(i=0;i<2;i++)
       printf("\t%d\t%s\t%c\t%d\t%d\t%d\t%d\t%.2f\n",stu[i].no,
       stu[i].name,stu[i].sex,stu[i].score[0],stu[i].score[1],
       stu[i].score[2],stu[i].sum,stu[i].average);
}
```

程序运行结果如图 9-1 所示。

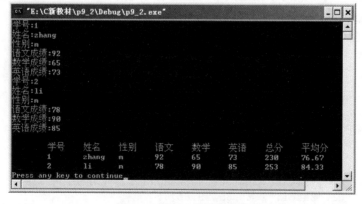

图 9-1　[例 9.2]运行结果

【例 9.3】 输入 10 名学生的信息,编写程序从中查找并输出总分成绩最高的学生信息。

```c
#include <stdio.h>
#include <string.h>
#define  N  10
struct  student
{
    int    no;
    char   name[20];
    char   sex;
    int    score[3];
    int    sum;
    float  average;
};
main()
{
    struct student stu[N];
    int i,j,maxsum,maxp;            //maxsum 为最高的总分,maxp 为最高分学生的下标
    for(i=0;i<N;i++)
    {
        stu[i].sum=0;
        scanf("%d",&stu[i].no);
        scanf("%s",stu[i].name);
        scanf("\n%c",&stu[i].sex);
        for(j=0;j<3;j++)
        {
            scanf("%d",&stu[i].score[j]);
            stu[i].sum=stu[i].sum+stu[i].score[j];
        }
        stu[i].average=stu[i].sum/3.0;
    }
    maxsum=stu[0].sum;
    maxp=0;
    for(i=0;i<N;i++)
      if(maxsum<stu[i].sum)
      {
        maxsum=stu[i].sum;
        maxp=i;
      }
    printf("\nmax sum information is:\n");
    printf("no is %d,name is %s,sex is %c\n",stu[maxp].no,
    stu[maxp].name,stu[maxp].sex);
    printf("sum is %d,average is %.2f\n",stu[maxp].sum,
    stu[maxp].average);
}
```

9.2.3 结构体指针

9.2.3.1 指向结构体变量的指针

所谓结构体变量的指针就是指该结构体变量所占据的内存单元的起始地址,可以定义一个指针变量来指向一个结构体变量。定义一个指向结构体变量的指针变量的一般形式为:

struct 结构体类型名 *指针变量名;

例如：
```
struct   student
{
    int     no
    char    name[20];
    char    sex;
    int     score[3];
    int     sum;
    float average;
};
struct   student   stu1,*p;
p=&stu1;                                //使指针 p 指向结构体变量 stu1
```
这样，可用三种形式来引用结构体变量的成员：

（1）结构体变量名.成员名　　　　如：stu1.no

（2）(*指针变量名).成员名　　　　如：(*p).no

（3）指针变量名->成员名　　　　　如：p->no

第一种形式已经很熟悉了。在第二种形式中，(*p)表示 p 指向的结构体变量，(*p).no 是 p 指向的结构体变量中的成员 no，要注意*p 两侧的括号不能省略，这是因为成员运算符"."的优先级要高于指针运算符"*"。第三种形式比第二种形式更方便和直观，它更形象地表示了 p 所指向的变量中的成员。用一个减号和一个大于号组成的运算符"->"称为指向运算符，它的优先级最高。

【例9.4】用前述三种不同的方式对结构体成员进行访问。
```
#include<stdio.h>
struct student
{
    int     no;
    char    name[20];
    char    sex;
    int     score[3];
    int     sum;
    float average;
};
main()
{
    struct   student   stu1={1001,"Liyang",'M', 67,89,65};
    struct   student   *p;
    p=&stu1;
    stu1.sum=stu1.score[0]+stu1.score[1]+stu1.score[2];
    stu1.average=stu1.sum/3.0;
    printf("%d,%s,%c,%d,%d,%d,%d,%.2f\n",stu1.no,stu1.name,
    stu1.sex,stu1.score[0],stu1.score[1],stu1.score[2],
    stu1.sum,stu1.average);
    printf("%d,%s,%c,%d,%d,%d,%d,%.2f\n",(*p).no,(*p).name,
    (*p).sex,(*p).score[0],(*p).score[1],(*p).score[2],
    (*p).sum,(*p).average);
    printf("%d,%s,%c,%d,%d,%d,%d,%.2f\n",p->no,p->name,p->sex,
    p->score[0], p->score[1], p->score[2], p->sum, p->average);
}
```

程序运行结果：
```
1001,Liyang,M,67,89,65,221,73.67
1001,Liyang,M,67,89,65,221,73.67
1001,Liyang,M,67,89,65,221,73.67
```

9.2.3.2　指向结构体数组的指针

一个指针变量可以指向普通数组，也可以指向结构体数组，即将该数组的起始地址赋值给该指针变量。

【例 9.5】利用结构体数组的指针实现结构体成员的输出。

```c
#include <stdio.h>
struct  student
{
  int   no;
  char  name[20];
  char  sex;
  int   score[3];
  int   sum;
  float  average;
};
main()
{
    struct student stu[3]={{1001,"Liyang",'M',67,89,65},
    {1002,"Wangmi",'F',56,72,63},{1003,"Zhaoli",'M',65,78,83}};
    struct  student *p;
    int i;
    for(i=0;i<3;i++)
    {
        stu[i].sum=stu[i].score[0]+stu[i].score[1]+stu[i].score[2];
        stu[i].average=stu[i].sum/3.0;
    }
    printf("\n\t 学号\t 姓名\t 性别\t 语文\t 数学\t 英语\t 总分\t 平均分\n");
    for(p=stu;p<stu+3;p++)
        printf("\t%d\t%s\t%c\t%d\t%d\t%d\t%d\t%.2f\n",p->no,
        p->name,p->sex,p->score[0],p->score[1],p->score[2],
        p->sum,p->average);
}
```

程序运行结果：

学号	姓名	性别	语文	数学	英语	总分	平均分
1001	Liyang	M	67	89	65	221	73.67
1002	Wangmi	F	56	72	63	191	63.67
1003	Zhaoli	M	65	78	83	226	75.33

9.2.4　结构体类型的数据在函数间的传递

如果想将一个结构体变量的值传递给另一个函数，可以有下列三种方法：

（1）用结构体变量的成员作参数，将实参值传给形参。这种用法和用普通变量作实参一样，属于"传值"方式。

（2）用结构体变量作参数，它的前提是函数的形参和调用函数的实参必须是同类型的结构体变量。这也是一种"传值"方式，将实参结构体变量所占的内存单元的内容全部顺序地传给形参。

（3）用指向结构体变量（或数组）的指针作实参，将结构体变量（或数组）的地址传给形参，属于"传地址"方式。

9.2.4.1　用结构体变量作函数的参数

结构体变量可以作为一个实参整体传递给形参，实参与形参的数据传递采用的是"值传递"方式，即将实参中结构体变量所占据内存单元的内容全部顺序地传递给形参。

【例9.6】定义结构体变量 stud，包括学生学号、姓名、性别和三门课的成绩。现要求在 main( )函数中赋值，而在另一函数 PrintStu( )中将它们打印输出。

```c
#include <stdio.h>
#include <string.h>
struct  student
{
  int   no;
  char  name[20];
  char  sex;
  int   score[3];
  int   sum;
  float  average;
};
main()
{
    void  PrintStu(struct student stu);  //函数声明
    struct  student  stud;
    stud.no=10001;
    strcpy(stud.name,"Liming");                //strcpy()是字符串复制函数
    stud.sex='m';
    stud.score[0]=90;
    stud.score[1]=79;
    stud.score[2]=67;
    stud.sum=stud.score[0]+stud.score[1]+stud.score[2];
    stud.average=stud.sum/3.0;
    PrintStu(stud);
}
void  PrintStu( struct  student  stu)    //函数定义，结构体变量为形参
{
    printf("%d\t%s\t%c\t%d\t%d\t%d\t%d\t%.2f\n",stu.no,stu.name,
    stu.sex,stu.score[0],stu.score[1],stu.score[2],stu.sum,stu.average);
}
```

程序运行结果：

```
1001   Liming   m   90   79   67   236   78.67
```

9.2.4.2　结构体类型的指针做函数参数

结构体类型的指针是指向结构体变量或结构体数组的指针变量，如果使用指向结构体变量或数组的指针变量作为函数的实参，则形参也应定义成同类型的结构体指针。在结构体类型的指针作函数参数的情况下，采用的是"传地址"方式。

【例 9.7】 编程用结构体指针作函数的参数，实现学生信息的输出。

```
#define N 3
#include <stdio.h>
struct student
{
    int  no;
    char name[20];
    char sex;
};
main()
{
    void PrintStu(struct student stu[],int n);    //函数声明
    struct student stud[N]={{10034,"zhang shan",'F'},
                    {10021,"wang lin",'M'},{10028,"zhao hong",'M'}};
    struct student *p;
    p=stud;
    PrintStu(p,N);                                 //结构体指针变量作实参
}
void PrintStu(struct student stu[],int n) //结构体指针数组作函数形参
{
    int i;
    for(i=0;i<n;i++)
        printf("\t%d\t%s\t%c\n",stu[i].no,stu[i].name,stu[i].sex);
}
```

程序运行结果：

```
10034    zhang shan  F
10021    wang  lin   M
10028    zhao hong   M
```

注意：为了处理方便，本程序将 struct student 结构体进行了简化，省略了 score[ ],sum 和 average 三个结构体成员。

从此例可以看出，主函数调用 PrintStu(p,N)，实参为指向结构体的指针，形参为结构体数组，它们采用的是"传地址"方式。其工作原理与第 8 章中一般数组的指针作函数参数一致，都是"传地址"的方式，此处不再详细介绍，所以上例中的 main( )函数和 PrintStu( )函数也可改为如下形式：

```
main()
{
    void PrintStu(struct student *stu,int n);    //函数声明
    struct student stud[N]={{10034,"zhang shan",'F'},
                    {10021,"wang lin",'M'},{10028,"zhao hong",'M'}};
    struct student *p;
    p=stud;
    PrintStu(p,N);                                //结构体指针变量作实参
}
void PrintStu(struct student *stu,int n)  //结构体指针变量作函数形参
{
    int i;
    for(i=0;i<n;i++)
        printf("\t%d\t%s\t%c\n",stu[i].no,stu[i].name,stu[i].sex);
}
```

程序运行结果和[例 9.7]相同。

9.3 知 识 扩 展

9.3.1 共用体

C 语言中，允许不同的数据类型使用同一存储区域，这种数据类型就是共用体或称为联合体，虽然这几种不同类型的变量在内存中所占的字节数不同，但它们都从同一地址单元开始存放。共用体使用的是一种覆盖技术，即几个变量互相覆盖。

9.3.1.1 共用体变量的定义

共用体的类型说明和变量定义与结构体非常相似，只需将关键字 struct 换成 union 即可。定义共用体类型变量的形式有以下三种。

（1）union　共用体名

  {

    成员表列

  }；

  union 共用体名 变量表列；

（2）union　共用体名

  {

    成员表列

  } 变量表列；

（3）union

  {

    成员表列

  }变量表列；

例如：

```
union  un1
{ int   x;
  char  y;
  float z;
} t1;
```

其中，union 是关键字，un1 是共用体名，二者合起来构成"类型名"。共用体中的成员可以是简单变量，也可以是数组、指针、结构体和共用体。共用体变量 t1 的各个成员共占内存中同一段存储空间，如表 9-2 所示，x，y，z 都从同一存储单元开始存放（假设地址为 1000H），x 为整型，在基于 16 位的编译系统中（如 Turbo C 2.0），占用 2 个字节，即占用地址为 1000H、1001H 的两个字节；y 为字符型，占用 1 个字节，即占用地址为 1000H 的一个字节；z 为实型，占用 4 个字节，即占用地址为 1000H~1003H 的四个字节。此共用体变量 t1 的长度即为其成员中最长的实型成员的长度四个字节。

表 9-2　共用体变量 t1 的数据结构

1000H	1001H	1002H	1003H
x			
y			
z			

可见，系统为共用体变量分配存储空间时，与结构体是不同的。结构体变量所占内存长度为各成员所占的内存单元长度之和；而共用体变量中的所有成员占用同一存储空间，共用体变量所占的内存长度等于最长的成员所占内存单元长度。

注意：

（1）不能在定义共用体变量时对它初始化，例如：

```
union  un1
{
    int    x;
    char   y;
    float  z;
} t1={2,'w',3.5};
```

（2）由于共用体的各成员使用共同的存储区域，所以共用体中的空间在某一时刻只能保持某一成员的数据，即向其中一个成员进行赋值的时候，共用体中其他成员的值也会随之发生改变。

9.3.1.2　共用体变量的引用

（1）引用共用体变量中的成员。共用体变量也要先定义后引用，它的引用方法与结构体相同。

方法一：共用体变量.成员名

方法二：(*指针变量名).成员名

方法三：共用体变量指针->成员名

例如：如果有以下定义和语句：

```
union  un1
{
    int    x;
    char   y;
    float  z;
} t1,t2,*q;
q=&t1;
```

则如下形式的引用均合法：t1.x，t1.y，t1.z，q->x，q->y，q->z，(*q).x，(*q).y，(*q).z。

注意：一个共用体变量不是同时存放多个成员的值，而是只能存放其中的一个值，即最后赋予它的值。例如，以下赋值语句：

t1.x=6;t1.y='M';t1.z=3.4;

执行后，共用体变量 t1 中存放的有效值为 3.4。此时不能通过输出语句来输出 t1.x 的值 6 和 t1.y 的值'M'，只能输出 t1.z 的值为 3.4。使用共用体成员参加运算时，一定注意当前存放在共用体变量中的究竟是哪个成员。

（2）共用体变量的整体赋值。和结构体变量类似，C 语言允许两个相同类型的共用体变量之间相互赋值。例如：设 t1，t2 已定义为 union　un1 类型，而且 t1.x 已赋值为 6，则语句：

t2=t1;

执行后，t2 中的内容与 t1 完全相同，也可以引用 t2.x 的值。

（3）C 语言不允许使用共用体变量作为函数参数，但可以使用指向共用体变量的指针作函数参数。

【例 9.8】分析以下程序的运行结果。

```c
#include <stdio.h>
main()
{
  union
  {
   long   i;
   short  k;
   char   ch;
  }mix;
  mix.i=0x12345678;
  printf("mix.i = %lx\n",mix.i);
  printf("mix.k = %x\n",mix.k);
  printf("mix.ch = %x\n",mix.ch);
}
```

程序运行结果为：

```
mix.i = 12345678
mix.k = 5678
mix.ch = 78
```

共用体变量 mix 在内存中占 4 个字节，其中变量 i 为长整形类型在内存中占 4 个字节，变量 k 占 2 个字节（低地址两个字节），变量 ch 占 1 个字节（低地址一个字节）。

9.3.2 枚举类型

C 语言中，当一个变量只能取给定的几个值之一时，即将变量的值一一列举出来，就形成了枚举类型。

定义枚举类型的一般形式为：

enum　枚举名｛枚举元素表｝;

其中，enum 表示枚举类型的关键字。

例如：

enum　weekday{sun,mon,tue,wed,thu,fri,sat};

在这里 weekday 是枚举名，其后集合中的各个枚举元素分别用一星期中七天的英文缩写表示。

可以用已定义的枚举类型来定义枚举变量。例如：

enum　weekday　workday1,workday2;

这时 workday1, workday2 被定义为枚举变量，其值只能取 sun 到 sat 之一。例如：

workday1＝sun;workday2＝wed;

说明：

（1）在定义枚举类型时，枚举元素的名字是程序设计者自己指定的，如：sun, mon 等，命名规则与标识符相同。这些名字并无固定的含义，只是一个符号。在 C 编译中，对这些枚举元素按常量处理，也称枚举常量。它们不是变量，所以不能对它们赋值。例如："sun＝1;"是错误的。

（2）枚举常量的值是一些整数，C 语言编译程序按定义时的顺序使它们的值为 0，1，2，…。例如，在上面的定义中 sun 的值就为 0,而 mon 的值就为 1，…。

但在定义枚举类型时不能写成：

```
enum  weekday{ 0,1,2,3,4,5,6};
```

而必须用标识符。

可以在定义类型时改变枚举元素的值，例如：

```
enum weekday{sun=7,mon=1,tue,wed,thu,fri,sat};
```

定义 sun 值为 7，mon 值为 1，以后顺序加 1，sat 值为 6。

（3）枚举常量的值可以赋给枚举变量，但不能将一个整数直接赋给枚举变量，例如：

```
workday2=wed;
```

则 workday2 变量的值就为 3，且这个值可以输出。例如：

```
printf("%d\n",workday2);
```

的输出结果为 3。但写成"workday2=3；"是错误的，因为它们属于不同的类型。

（4）枚举常量的值可以进行判断比较。例如：

```
if(workday1==sun)  printf("Sunday!\n");
if(workday2!=sun)  printf("it is not Sunday!\n");
```

它们是按所代表的整数值进行比较的。

【例 9.9】 在下列程序段中，枚举变量 c1 和 c2 的值分别是（ ）和（ ）。

```
#include <stdio.h>
main()
{
    enum color {red,yellow,blue=4,green,white} c1, c2;
    c1=yellow;
    c2=white;
    printf("%d,%d\n", c1, c2);
}
```

A. 1 B. 3 C. 5 D. 6

分析：可以在定义类型时改变枚举元素的值，根据指定的值，以后的值顺序加 1。在该题中，按顺序 red 取值 0，yellow 取值 1，blue 取指定的值 4，green 则顺序加 1 取值 5，white 取值 6。

因此，本题的正确答案为： A 和 D。

（5）枚举变量只能通过赋值语句得到值，不能通过 scanf( )语句直接读入数据，也不能通过输出语句直接以标识符形式输出枚举元素，必要时可以通过 switch 语句将枚举值以相应的字符串形式输出。

【例 9.10】 编写函数，计算明天的日期。

```
#include<stdio.h>
enum day{Sun,Mon,Tue,Wed,Thu,Fri,Sat};
enum day day_tomorrow(enum day d) //定义函数 day_tomorrow(),形参为枚举类型
{
    enum day nd;
    switch(d)
    {
        case Sun:nd=Mon;break;
        case Mon:nd=Tue;break;
        case Tue:nd=Wed;break;
        case Wed:nd=Thu;break;
        case Thu:nd=Fri;break;
```

```
        case Fri:nd=Sat;break;
        case Sat:nd=Sun;break;
    }
return(nd);
}
main()
{
    enum day c1,c2;
    c1=Tue;
    c2=day_tomorrow(c1);                //函数调用
    switch(c2)
    {
        case Sun:printf("sunday\n");break;
        case Mon:printf("monday\n");break;
        case Tue:printf("tuesday\n");break;
        case Wed:printf("wednesday\n");break;
        case Thu:printf("thursday\n");break;
        case Fri:printf("friday\n");break;
        case Sat:printf("saturday\n");break;
    }
}
```

程序运行结果为：

```
Wednesday
```

9.3.3　类型定义

前面介绍的结构体、共用体、枚举等类型在定义或说明变量时要冠以表明数据类型的关键字，如 struct , union, enum 等。C 语言为了适应用户习惯和便于程序移植，允许用户通过类型定义 typedef 将已有的各种类型名定义成新的类型标识，即别名。经类型定义后，新的类型名即可当做原类型名使用。

typedef 定义的一般形式为：

typedef　原类型名　　新类型名；

例如：

（1）typedef　int　INTEGER;

（2）typedef　struct　student

```
    {
        int     no;
        char    name[20];
        char    sex;
        int     score[3];
        int     sum;
        float average;
    } STUDENT;
```

（3）typedef　char *STRING;

为类型起了别名之后，就可以用别名来定义相应的变量。例如：

```
INTEGER   x, y;
STUDENT   stu1,stu2;
STRING    p1,p2;
```

它们等价于：
```
int x,y;
struct student stu1,stu2;
char    *p1,*p2;
```
归纳起来，用 typedef 定义一个新类型名的方法如下：

（1）先按定义变量的方法写出定义体（如 struct student {…};）。

（2）将变量名换成新类型名（如 struct student {…} STUDENT;）。

（3）在最前面加上 typedef（如 typedef struct student {…} STUDENT;）。

需要注意的是，用 typedef 定义类型，只是为类型命名，或为已有类型命名别名。作为类型定义，它只定义数据结构，并不要求分配存储单元。用 typedef 定义的类型来定义变量与直接写出变量的类型定义变量具有完全相同的效果。typedef 与#define 有相似之处，但二者不同之处在于，前者是编译器在编译时处理的，后者是在编译预处理时处理的，而且只做简单的字符替换。

9.4 本 章 小 结

结构体、共用体和枚举类型都属于 C 语言中的构造类型，它们在定义的时候分别用到关键字 struct,union 和 enum。它们是编写复杂程序时常用的数据类型，也是学习 C 语言的重点和难点之一。

（1）结构体和共用体都定义了若干个可以具有不同类型的成员，但其表示的含义及存储是完全不同的。

（2）结构体类型说明定义了结构体的结构，不分配存储空间；而结构体变量定义要分配内存空间，其空间的大小由成员共同决定。

（3）共用体可以看作是一种特殊形式的结构体，其变量所占用内存空间的大小取决于其成员中占用内存空间最大的那个成员；在任何时候只能有一个共用体成员占据共用体变量空间，即在给共用体变量的成员赋值时，某一时间内只能给一个成员赋值。

（4）枚举类型是 C 语言提供的一种数据类型，其类型说明和变量定义类似于结构体。其差别是枚举常量间用逗号分隔，枚举常量的值一般依说明的顺序从 0 开始递增，除非某个枚举常量有初始化赋值，则其后的值依次递增。

（5）在 ANSI C 标准中允许用结构体变量作函数参数进行整体传递，但是这种传递要将结构体变量的全部成员逐个传递，特别是当某成员为数组时将会使传递的时间和空间开销很大。因此最好的办法是使用指针，即用指针变量作函数参数进行传递，由于只传递了结构体变量的地址，从而有效减少了时间和空间的开销。

9.5 习 题

一、单项选择题

1. 若有以下定义：
```
struct stru
{
```

```
    int   a, b;
    char  c[6];
}test;
```
在基于 16 位的编译系统中（如 Turbo C 2.0），sizeof(struct   test)的值是（   ）。

    A．2   B．8   C．5   D．10

2．下列说法正确的是（   ）。

    A．结构体的每个成员的数据类型必须是基本数据类型

    B．结构体的每个成员的数据类型都相同，这一点与数组一样

    C．结构体定义时，其成员的数据类型不能是结构体本身

    D．以上说法均不正确

3．若有以下结构体定义，则（   ）是正确的引用或定义。

```
struct  exam
{
    int  x;
    int  y;
}va1;
```

    A．exam.x=10   B．exam   va2;va2.x=10;

    C．struct   va2; va2.x=10;   D．struct   exam   va2={10};

4．若有以下说明：

```
struct  person
{
    char  name[10];
    int   age;
    char  sex;
} x={"lining",20, 'm'},*p=&x;
```
则对字符串"lining"的引用方式不正确的是（   ）。

    A．(*p).name   B．p.name   C．x.name   D．p->name

5．设有如下定义：

```
struct  stru
{
    int  x;
    int  y;
};
struct  st
{
    int  x;
    float  y;
    struct  stru  *p;
} st1,*p1;
```
若有 p1=&st1,则以下引用正确的是（   ）。

    A．(*p1).p.x   B．(*p1)->p. x   C．p1->p->x   D．p1.p-> x

6．已知下列共用体定义：

```
union  un
{
    int  i;
    char  ch;
}temp;
```

执行 "temp.i=266;" 后，temp.ch 的值为（　　）。

　　A．266　　　　　　　　B．256　　　　　　　　C. 10　　　　　　　　D．1

7．如果已定义了如下的共用体类型变量 x，在基于 16 位的编译系统中（如 Turbo C 2.0），其所占用的内存字节数为（　　）。

```
union data
{ int    a;
  char   b;
  double c
} x;
```

　　A．7　　　　　　　　　B．11　　　　　　　　　C．8　　　　　　　　　D．10

二、编程题

1．创建一个学籍管理结构体，包含：学号、姓名、性别、住址、电话等信息，从键盘输入 5 个学生的学籍并输出。

2．编写程序，从键盘输入 10 本书的名称和定价并存在结构体数组中，从中查找出定价最高和最低的书的名称和定价，并打印出来。

第 10 章　项目中文件的应用

在前面的章节中，学习了结构体这种构造数据类型，它主要是为了存储复杂的数据，在第 9 章中，通过学生信息管理系统来实现对批量数据的处理，但这些批量数据只能在程序执行时占据内存，程序结束后即从内存消失。那么添加学生信息等操作每次都要重新执行。如何将数据永久保存起来，即将输入输出的数据以磁盘文件的形式存储起来，这些内容是本章需要解决的问题。

本章将结合学生信息管理系统项目中学生信息的存储和重载，学习文件的概念、分类、文件指针和文件操作等相关知识。

学习目标:
- 理解和掌握文件的概念、文件的打开、文件的关闭;
- 理解和掌握文件的读写操作。

10.1　任务二　项目中数据的存储

1. 任务描述

在主函数中，通过 InputStu( )函数添加学生信息，添加完后，应将学生信息保存在磁盘文件中。在浏览、删除等操作中，首先要将数据读入到结构体数组中，对结构体数组进行操作，操作完成后，再将结构体数组中的数据保存到文件中。该任务将用 SaveStu( )函数将结构体数组存入到"list.dat"文件中，用 LoadStu( )函数实现将"list.dat"文件中的数据导入到结构体数组中。

2. 任务涉及知识要点

该任务涉及到的新知识点主要有文件的打开、读写、关闭等操作。

3. 任务分析

实现学生信息的处理和保存，可以用 LoadStu( )函数和 SaveStu( )函数实现读取和存储。该项目中虽然定义了能够处理的最大学生数 N，但是由于从文件中读取或者通过函数 InputStu( )输入的学生数量是不定的，所以在 LoadStu( )、InputStu( )函数中均要统计读取或输入的学生数量。在调用 SaveStu( )函数进行数据保存时，也要将数组元素的个数作为实参传入，以确定要保存的数组元素个数。考虑到数据分多次录入的情况，SaveStu( )可采用追加和覆盖两种方式写入文件。

由于要对学生信息数组 stu[ ]和学生实际人数同时进行传递，因此在函数的参数定义中采用结构体数组和指针，如"void　LoadStu(struct student stu[ ],int *stu_number);"，这样可以使学生信息结构体数组 stu[ ]和学生人数 stu_number 在各个函数之间进行传递。

4. 任务实现

各函数的定义分别为：

（1）学生信息的读取函数

```c
void  LoadStu(struct student stu[],int *stu_number)
{
    FILE *fp;
    int i=0;
    if((fp=fopen("list.dat","rb"))==NULL)
    {
        printf("不能打开文件\n");
        return ;
    }
    while(fread(&stu[i],sizeof(struct student),1,fp)==1 && i<N)
        i++;
    *stu_number=i;                          //重置学生记录个数
    if (feof(fp))
        fclose(fp);
    else
    {
        printf("文件读错误");
        fclose(fp);
    }
    return ;
}
```

（2）学生信息的保存函数

```c
void SaveStu(struct student stu[],int count,int flag)
{
    FILE *fp;
    int i;
    if((fp=flag?fopen("list.dat","ab"):fopen("list.dat","wb"))==NULL)
    {
        printf("不能打开文件\n");
        return;
    }
    for(i=0;i<count;i++)
        if(fwrite(&stu[i],sizeof(struct student),1,fp)!=1)
            printf("文件写错误\n");
    fclose(fp);
}
```

（3）增加学生记录函数

```c
void InputStu(struct student stu[],int *stu_number)
{
    char ch='y';
    int count=0;
    while((ch=='y')||(ch=='Y'))
    {
        system("cls");
        printf("\n\t\t 增加学生记录 \n");
```

```
        printf("\n\n\t\t 请输入学生信息\n");
        printf("\n 学号:");      scanf("%d",&stu[count].no);
        printf("\n 姓名:");      scanf("%s",&stu[count].name);
        printf("\n 性别:");      scanf("\n%c",&stu[count].sex);
        printf("\n 语文成绩:")  scanf("%3d",&stu[count].score[0]);
        printf("\n 数学成绩:");scanf("%3d",&stu[count].score[1]);
        printf("\n 英语成绩:"); scanf("%3d",&stu[count].score[2]);
        stu[count].sum=stu[count].score[0]+stu[count].score[1]
                      +stu[count].score[2];
        stu[count].average=stu[count].sum/3.0;
        printf("\n\n\t\t 是否输入下一个学生信息?(y/n)");
        scanf("\n%c",&ch);
        count++;
    }
    *stu_number=*stu_number+count;
    SaveStu(stu,count,1);                    //参数 1 表示以追加方式写入文件
    return;
}
```

程序说明:

（1）在程序第一次执行时，应首先进行学生信息的添加，即调用 InputStu( ) 函数添加学生记录，并将录入的学生信息数据和统计的学生人数通过调用 SaveStu( ) 函数保存到 list.dat 文件中。浏览、删除等函数执行时均调用 LoadStu( ) 函数读取学生信息数据，处理完后，若学生信息发生了改变，则重新写入文件。为区分是添加信息还是重新保存，在 SaveStu( ) 函数的形参中，构造了一个 flag 标志变量，若 flag=1，则添加信息并追加到数据文件中；若 flag=0，则将学生的信息重新以覆盖方式保存到数据文件中。学完本章后，学生应该将 SaveStu( ) 函数的内容补充到相应的函数中去。相关的内容见附件 V 的完整程序。

（2）在 LoadStu( ) 函数中，要将学生信息读入到结构体数组中，学生人数在 InputStu( ) 函数和 DeleteStu( ) 函数中会有改变。为了使数据更安全，在程序中没有使用全局变量来定义学生的人数，而是通过指针变量 stu_number 来存储学生的人数，使用指针变量是按地址传递数据，其目的是使形参（学生的人数）的变化影响实参（学生的人数）。

5. 要点总结

在学生信息管理系统中，使用文件的目的是将数据保存到磁盘中。在整个项目中，何时导入数据，何时要保存数据，需要全面考虑，函数中参数的作用及传递各不相同，这些内容要结合结构体及指针的相关知识来理解。

10.2　理　论　知　识

10.2.1　文件的基本概念

10.2.1.1　文件的概念

"文件"是指存储在外部介质上的数据的集合。数据是以文件的形式存放在外部介质上的，并通过文件名来识别。每个文件都有一个名称，程序可以通过文件操作存取数据，

因此文件的输入/输出是文件最基本的操作。

C 语言把文件看作是一个字符（字节）的序列,即由一个个字符（字节）的数据顺序组成。文件可以从不同的角度进行分类。

1. 根据数据的组织形式分类

（1）文本文件

文本文件又称 ASCII 文件，文本文件的每一个字节存放一个 ASCII 码，代表一个字符。文本文件的输出与字符一一对应，一个字节代表一个字符。例如，10000 占用 5 个字节，每个字节存放一位数字字符的 ASCII 码值。因此便于对字符进行逐个处理，也便于输出字符。

文本文件由 ASCII 码组成，每一行中可以有 0 个或多个字符。在向文本文件输出数据时，系统把"回车键"转换成回车'\r'和换行'\n'两个字符。由文本文件读取数据时，系统将回车符'\r'和换行符'\n'转换成一个"回车键"。如输入：

abcd↙

efgh

存储在文本文件后（在这里用'↙'代表"回车键"），输入时的"回车键"转换成回车和换行两个字符存放，于是文本文件中的第 7 个字节是'e'而不是'f'。

（2）二进制文件

二进制文件是把内存中的数据按其在内存中的存储形式原样输出到磁盘上存放，一个字节并不对应一个字符，不能直接输出字符形式。例如，在基于 16 位的编译系统中（如 Turbo C 2.0），整数 10000 在内存中占两个字节，存放在二进制文件中也占两个字节，这两个字节存放它的二进制形式。

二进制文件不像文本文件那样在回车、换行符与"回车键"之间转换。

2. 根据读写方式分类

（1）顺序文件

顺序文件是指写入、存储与读出的顺序完全一致的文件。对顺序文件进行读写操作时，必须从文件头开始顺序进行，中间不能跳过任何一个数据。文件打开后，只能进行一种操作，要么读，要么写。

（2）随机文件

随机文件是指可以直接对任意位置的元素进行读写的文件。对随机文件的读写操作，可以从文件中任何位置上的数据开始。文件打开后，既可读，又可写。

另外，依照文件存放的介质，有卡片文件、纸带文件、磁带文件、磁盘文件等；依照文件的内容，有源程序文件、目标文件、数据文件等。

由前所述，一个 C 文件是一个字节流或二进制流。在 C 语言中对文件的存取是以字符（字节）为单位的，输入输出数据流的开始和结束仅受程序控制而不受物理符号（如回车换行符）控制。因此，这种文件又称为流式文件。

10.2.1.2 文件操作过程

在 C 语言中，对文件的操作有以下三个步骤：

（1）建立或打开文件。

（2）从文件中读取数据或向文件中写入数据。

（3）关闭文件。

打开文件是将指定文件与程序联系起来，为文件的读写操作做好准备。从文件中读取数据，就是从指定文件中取数据，存入程序在内存的数据区域中，如变量或数组。向文件中写数据，就是将程序的输出结果存入指定的文件中，即文件名所对应的外存储器上的存储区中。关闭文件是取消程序与指定文件之间的联系，表示文件操作结束。

10.2.1.3　文件指针

在 C 语言中，对文件的访问是通过文件指针来实现的。

在 C 语言中用一个指针变量指向一个文件，这个指针称为文件指针。通过文件指针就可以对它所指向的文件进行各种操作。

定义文件指针的一般形式为：

FILE *指针变量标识符；

其中"FILE"应为大写，它实际上是由系统定义的一个结构，该结构中包含文件名、文件状态和文件当前位置等信息。用户不必关心 FILE 结构的细节。例如：

```
FILE *fp;
```

表示 fp 是指向 FILE 结构的指针变量，通过 fp 即可找到存放某个文件信息的结构变量，然后按结构变量提供的信息找到该文件，实现对文件的操作。习惯上把 fp 称为指向一个文件的指针。

10.2.2　文件的打开和关闭

文件处理就是对文件进行读写操作，在对文件读写之前必须先"打开"该文件，读写后一定要"关闭"该文件。

10.2.2.1　文件的打开（fopen( )函数）

所谓"打开"，是指在程序和操作系统之间建立起联系，程序把所要操作的文件的一些信息通知给操作系统。打开文件的一般形式如下：

```
FILE  *fp;
fp=fopen(filename,mode);
```

其中，"fp"是一个文件指针；"filename"是一个 DOS 文件名；"mode"指出打开该文件的模式。fopen( )函数的功能是以 mode 指定的模式打开 filename 指定的文件。调用 fopen( )函数有一个返回值，它是一个地址量，表示被打开文件信息区的起始地址。把这一返回值赋给文件指针 fp 之后，即可通过该文件指针对文件进行操作。若指定的打开操作失败（例如用"r"方式打开一个不存在的文件），则函数返回一个 NULL 指针（即地址值为 0，它是一个无效的指向）。mode 取值及含义见表 10-1。

表 10-1　　　　　　　　　　文 件 的 打 开 模 式

mode	处理方式	指定文件不存在时	指定文件存在时
"r"	读取(文本文件)	出错	正常打开
"w"	写入(文本文件)	建立新文件	文件原有内容丢失
"a"	追加(文本文件)	建立新文件	在文件原有内容末尾追加

续表

mode	处理方式	指定文件不存在时	指定文件存在时
"rb"	读取(二进制文件)	出错	正常打开
"wb"	写入(二进制文件)	建立新文件	文件原有内容丢失
"ab"	追加(二进制文件)	建立新文件	在文件原有内容末尾追加正常
"r+"	读取/写入(文本文件)	出错	打开
"w+"	写入/读取(文本文件)	建立新文件	文件原有内容丢失
"a+"	读取/追加(文本文件)	建立新文件	在文件原有内容末尾追加正常
"rb+"	读取/写入(二进制文件)	出错	打开
"wb+"	写入/读取(二进制文件)	建立新文件	文件原有内容丢失
"ab+"	读取/追加(二进制文件)	建立新文件	在文件原有内容末尾追加

例如：

```
fp=fopen("file1","r");
```

它表示打开名字为 file1 的文件，使用文件的方式为"只读"，并把返回的指向文件 file1 的指针赋给 fp。这样，fp 就和 file1 相联系了，或者说，fp 指向 file1 文件。

可以看出，在打开一个文件时，通知系统以下三个信息：①要打开哪一个文件，以"文件名"指出；②对文件的使用方式；③函数的返回值赋给哪一个指针变量，或者说，让哪一个指针变量指向该文件。其中，文件的使用方式见表 10-1。

从表 10-1 可以看出，C 语言能够处理文本文件和二进制文件。后六种方式是在前六种方式基础上加上一个"+"符号，其区别是由单一的读或写的方式扩展为既能读又能写的方式。但目前使用的 C 语言的有些缓冲文件系统不具备以上全部功能。例如：有的系统只能用"r"，"w"，"a"方式来处理字符文件，而不能用"rb"，"wb"，"ab"方式来处理二进制文件；而有的系统不用"r+"，"w+"，"a+"，而用"rw"，"wr"，"ar"等。因此在用到有关这些方式时，请注意查阅所用系统的说明书。

【例 10.1】编写一个程序，打开文件 list.dat 用于读操作。

```
#include <stdio.h>
#include <stdlib.h>
main()
{
    FILE  *fp;
    if((fp=fopen("list.dat","rb"))==NULL)
    {
        printf("Can not open this file\n");
        exit(0);                //退出
    }
}
```

该程序中只包括一个 if 语句，这是在程序中常用的打开文件的方法。即执行 fopen( )函数时，如果顺利打开，就使 fp 指向该文件；如果打开失败，则 fp 的值为 NULL，此时输出信息"不能打开此文件"，然后执行 exit(0)退出。

10.2.2.2　文件的关闭（fclose( )函数）

所谓"关闭"，就是使文件指针变量不再指向该文件，也就是说文件指针变量与文件"脱钩"。关闭文件的一般形式如下：

　　fclose(fp);

　　其中 fp 是已定义过的文件指针变量。该函数关闭此指针指向的文件，并在关闭前清除与该文件有关的所有缓冲区，这样，原来的指针变量不再指向该文件，此后不能再通过该指针对其相连的文件进行读写操作。除非再次打开，使该指针变量重新指向该文件。fclose( )函数执行成功，即顺利完成关闭时，返回值为 0；否则返回一个非 0 值。它的返回值可以用 ferror( )函数来测试。

　　应该在程序终止之前关闭所有使用的文件，如果不关闭文件可能使数据丢失。

10.2.3　文件的顺序读写

　　文件的读写有两种方式：顺序读写和随机读写。文件中有一个"读写位置指针"，它指向当前读或写的位置。顺序读写是指从文件开头逐个数据读写，每读或写完一个数据后该位置指针就自动移到它后面一个位置，所以每次读写一个字符（字节）后，接着读写其后续的字符（字节）。而随机读写是指读写上一个字符（字节）后，并不一定要读其后续的字符（字节），而可以读写文件中任意所需的字符（字节）。

　　本节首先介绍常用的读写函数，其中所用例子均采用顺序读写方式。文件的随机读写见 10.2.4 节。

　　在 C 语言中提供了多种文件读写的函数：

　　字符读写函数：fgetc( )和 fputc( )

　　字符串读写函数：fgets( )和 fputs( )

　　格式化读写函数：fscanf( )和 fprintf( )

　　读写数据块函数：fread( )和 fwrite( )

　　它们都采用顺序读写方式。

10.2.3.1　字符读写函数 fgetc( )和 fputc( )

1. 写字符函数 fputc( )

fputc( )函数的功能是把一个字符写到磁盘文件上。其一般形式如下：

fputc(ch,fp);

　　其中 fp 是在文件打开时已定义的文件指针变量，ch 是要写的字符。该函数的作用是将字符 ch 输出到 fp 所指向的文件中去。函数执行成功时返回被输出的字符；否则返回 EOF（EOF 是在"stdio.h"头文件中定义的符号常量，其值为-1）。

　　【例 10.2】从键盘输入一行字符，把它们逐个送到磁盘文件 data.txt 中，直到遇到'#'为止。

```
#include <stdio.h>
#include <stdlib.h>
main()
{
    FILE *fp;
    char ch;
    if((fp=fopen("data.txt","w"))==NULL)
    {
        printf("can not open file\n");
```

```
        exit(0);
    }
    while((ch=getchar())!='#')
        fputc(ch,fp);
    fclose(fp);
}
```

程序运行情况如下，输入：

Good morning↙
ok#↙

这些字符就被写到了文件 file1.txt 中。

为了验证字符是否真的写到了文件 file1.txt 中，可使用 windows 的记事本打开，或用 TYPE 命令：

```
C:\>TYPE  file1.txt↙
Good morning
ok
```

2. 读字符函数 fgetc( )

fgetc( )函数的功能是从磁盘文件读取一个字符。其一般形式如下：

ch=fgetc(fp);

其中 fp 是已定义的文件指针变量。该函数从 fp 指向的文件中读取一个字符并将它保存在变量 ch 中。如果读到文件末尾或出错时，该函数返回文件结束标志 EOF。

【例 10.3】把由[例 10.2]创建的文件内容顺序读入内存，并显示在屏幕上。

```
#include <stdio.h>
#include <stdlib.h>
main()
{
    FILE *fp;
    char ch;
    if((fp=fopen("data.txt","r"))==NULL)
    {
        printf("can not open file\n");
        exit(0);
    }
    ch=fgetc(fp);
    while(ch!=EOF)                  //是否读到文件尾
    {
        putchar(ch);
        ch=fgetc(fp);
    }
    fclose(fp);
}
```

程序运行结果：

Good morning
ok

应该指出：EOF 仅能作为文本文件的结束标志。因为在文本文件中，数据都以它们的 ASCII 码值存放，由于 ASCII 码都是正值，不可能出现-1，所以 EOF 定义为-1 是合适的。但对于二进制文件，其数据的存储形式与其在内存中的存储形式相同，某一个字节中的数据值有可能是-1。如果再用 EOF 作为判别文件是否到文件尾的标志，则会把有用数据处理为"文件结束"。为了解决这个问题，常用 feof(fp)函数来测试 fp 所指向的文件的当前状态是否"文件结束"。如果是文件结束,该函数返回值为 1,否则为 0。feof( )函数既适用于二进制文件也适用于文本文件。

10.2.3.2　字符串读写函数 fgets( )和 fputs( )

对一个字符串可以整体处理。用 fgets( )函数从文件中读入一个字符串,用 fputs( )函数向文件写入字符串。

1. 写字符串函数 fputs( )

使用 fputs( )函数的一般形式为:

fputs(str,fp);

其中,"str"可以是一个字符数组的名字、字符指针变量或字符串常量,"fp"是已定义过的指针变量。该函数表示把 str 表示的字符串写入到由 fp 指向的文件中(不写字符串结束符'\0')。函数执行成功时返回 0,失败时返回非 0 值。

【例 10.4】从键盘输入若干行字符,把它们写到磁盘文件上保存。

```
#include <stdio.h>
#include <stdlib.h>
#include <string.h>
main()
{
    FILE *fp;
    char string[81];
    if((fp=fopen("test.txt","w"))==NULL)
    {
      printf("can not open file\n");
      exit(0);
    }
    while(strlen(gets(string))>0)
    {
      fputs(string,fp);
      fputs("\n",fp);
    }
    fclose(fp);
}
```

程序运行情况如下:

Good morning↙

How are you↙

OK↙

　　↙　　　　　　　(此行只键入一个"回车"键)

运行时,每输入一行字符后按"回车"键。输入的字符串先送到 string[ ]字符数组,再用 fputs( )函数把此字符串送到 file2.txt 文件中。由于 fputs( )函数不会自动在输出一个字符串后换行,所以必须单独用一个 fputs( )函数输出一个'\n',以便以后从文件中读取数据时能区分开各个字符串。输入完所有字符串后,在最后一行的开头输入一个"回车"键,此时字符串长度为 0,结束循环。

2. 读字符串函数 fgets( )

使用 fgets( )函数的一般形式为:

fgets(str,n,fp);

其中,"fp"是已定义过的文件指针变量。该函数表示从 fp 指向的文件中读取 n-1 个字符并将其保存在 str 指定内存单元中。函数执行成功时返回 0，失败时返回非 0 值。

【例 10.5】从磁盘文件 test.txt（[例 10.4]建立）中读回字符串，并在屏幕上显示出来。

```
#include <stdio.h>
#include <stdlib.h>
#include <string.h>
main()
{
    FILE *fp;
    char string[81];
    if((fp=fopen("test.txt","r"))==NULL)
    {
        printf("can not open file\n");
        exit(0);
    }
    while(fgets(string,81,fp)!=NULL)
        printf("%s",string);
    fclose(fp);
}
```

程序运行结果：

```
Good morning
How are you
OK
```

注意：在屏幕输出从文件读的字符串时，printf( )函数的格式转换符为"%s"，其后面没有\n'。原因是 fgets( )函数读入的字符串中已包含换行符'\n'。

10.2.3.3 格式化读写函数 fscanf( )和 fprintf( )

fscanf( )函数、fprintf( )函数与 scanf( )函数、printf( )函数作用相似，都是格式化读写函数。只是读写对象不同，前者是对磁盘文件的读写，后者则是对终端设备的读写。

1. 格式化写函数 fprintf( )

使用 fprintf( )函数的一般形式为：

fprintf（文件指针，格式字符串，输出表列）；

其功能是把格式化的数据写入由文件指针指向的文件中。格式化参数的用法与 printf( )函数相同。

【例 10.6】编写一个程序建立一个 stu 的二进制文件。

```
#include <stdio.h>
#include <stdlib.h>
main()
{
    FILE *fp;
    char name[5][20]={ "zhang","zhao","ma","sun","wang"};
    int score[5]={78,80,67,93,88};
    int i;
    if((fp=fopen("stu","wb"))==NULL)
    {
        printf("Can not open this file!");
        exit(0);
    }
    for(i=0;i<5;i++)
        fprintf(fp,"%8s%3d ",name[i],score[i]);
```

```
    fclose(fp);
}
```
该程序就把各个学生的姓名及其成绩存储在二进制文件 stu 中。

2. 格式化读函数 fscanf( )

使用 fscanf( )函数的一般格式为：

fscanf（文件指针，格式字符串，输入表列）；

其功能是从文件指针指向的文件中读取格式化的数据。格式化参数的用法与 scanf( )函数相同。

【例 10.7】编写一个程序，读取[例 10.6]所建立的 stu 文件。

```
#include <stdio.h>
#include <stdlib.h>
main()
{
    FILE *fp;
    char name[10];
    int score,i;
    if((fp=fopen("stu","rb"))==NULL)
    {
      printf("Can not open this file!");
      exit(0);
    }
    printf("name        score\n");
    printf("----------------\n");
    for(i=0;i<5;i++)
    {
        fscanf(fp,"%s%d",name,&score);
        printf("%8s   %5d\n",name,score);
    }
    fclose(fp);
}
```

程序运行结果：

```
  name    score
----------------
 zhang     78
 zhao      80
   ma      67
  sun      93
 wang      88
```

10.2.3.4　读写数据块函数 fread( )和 fwrite( )

C 语言允许按数据块（即按记录）来读写文件，这种方式能方便地对程序中的数组、结构体数据进行整体处理。C 语言用 fread( )和 fwrite( )函数进行按数据块读写文件。

1. 写数据块函数 fwrite( )

使用 fwrite( )函数的一般形式为：

fwrite(buffer,size,count,fp);

其中，"buffer"是一指针量，它表示写数据在内存中存放的起始地址；"size"表示要写数据的字节数据；"count"表示写多少个 size 字节的数据项；"fp"表示已定义的指针变量。

如果 fwrite( )调用成功，则函数返回值为 count 的值，即读写完整数据项的个数；否则返回值为-1。

【例 10.8】将 3 个学生的信息写入到 list.dat 文件中。

```
#define N  3
#include <stdio.h>
#include <stdlib.h>
main()
{
    FILE *fp;
    int i;
    struct  student
    {
        int  no;
        char  name[20];
        char  sex;
        int  score[3];
    }stu[N]={{1,"wang",'M',67,89,65},{2,"zhao",'F',84,72,89},{3,"zhang",
'M',65,88,89}};
    if((fp=fopen("list.dat","wb"))==NULL)
    {
        printf("Can not open this file!");
        exit(0);
    }
    for(i=0;i<N;i++)
      fwrite(&stu[i],sizeof(struct student),3,fp);
    fclose(fp);
}
```

2. 读数据块函数 fread( )

使用 fread( )函数的一般格式为：

```
fread(buffer,size,count,fp);
```

其中，"buffer"是一指针量，它表示读数据在内存中存放的起始地址；"size"表示要读数据的字节数据；"count"表示写多少个 size 字节的数据项；"fp"表示已定义的指针变量。

如果 fread( )或 fwrite( )调用成功，则函数返回值为 count 的值，即读写完整数据项的个数；否则返回值为-1。

例如：fread(arr,4,2,fp);

其中 arr 是一个实型数组名。这个函数表示从 fp 指向的文件中读取 2 次（每次 4 个字节，即一个实数）数据，存储到数组 arr[ ]中。

【例 10.9】将[例 10.8]建立的 list.dat 文件中的数据读入到 3 个学生的信息中并显示。

```
#define N  3
#include <stdio.h>
#include <stdlib.h>
main()
{
    FILE *fp;
    struct  student
        {
```

```
        int  no;
        char  name[20];
        char  sex;
        int score[3];
    }stu[N];
    int i;
    if((fp=fopen("list.dat","rb"))==NULL)
    {
        printf("Can not open this file!");
        exit(0);
    }
    for(i=0;i<N;i++)
        fread(&stu[i],sizeof(struct student),1,fp);
    for(i=0;i<N;i++)
        printf("%d,%s,%c,%d,%d,%d\n",stu[i].no,stu[i].name,stu[i]
        .sex,stu[i].score[0],stu[i].score[1],stu[i].score[2]);
    fclose(fp);
}
```

程序运行结果:

```
1,wang,M,67,89,65
2,zhao,F,84,72,89
3,zhang,M,65,88,89
```

10.2.4　文件的定位及随机读写

前面介绍的对文件的读写都是顺序读写,即从文件的开头逐个数据读或写,而实际上常常希望能直接读到某一数据项而不是按物理顺序逐个地读下来。这种可任意指定读写位置的操作称为随机读写。可以设想,只要强制移动位置指针指向所需地方,就能实现随机读写。

10.2.4.1　文件的定位

1. rewind( )函数

rewind( )函数的作用是使位置指针重新返回到文件的开头处。使用 rewind( )函数的一般形式如下:

```
rewind(fp);
```

其中 fp 是已定义过的文件指针变量,此函数没有返回值。当对某个文件进行多次处理时,由于每次处理都会使位置指针离开文件开头。所以当进行下次处理之前,常常用 rewind( )函数使其位置指针重新指向文件开头。

2. ftell( )函数

ftell( )函数的作用是获取位置指针的当前位置,用相对于文件开头的位移量来表示。使用 ftell( )函数的一般形式如下:

```
ftell(fp);
```

其中 fp 是已定义过的文件指针变量。由于文件中的位置指针经常移动,人们往往不容易辨清当前位置。用 ftell( )函数可以得到当前位置。操作出错时返回-1L。如:

```
i=ftell(fp);
if(i==-1L)
```

```
    printf("error\n");
```
用变量 i 保存位置指针的当前位置，如调用函数出错（如文件不存在），则输出"error"。

3. fseek( )函数

fseek( )函数的作用是使位置指针移动到所需的位置。使用 fseek( )函数的一般形式如下：

fseek（文件类型指针，位移量，起始点）；

其中，"起始点"是以什么地方为基准进行移动，必须是以下值之一：

0（或 SEEK_SET）：代表文件开头

1（或 SEEK_CUR）：代表位置指针的当前位置

2（或 SEEK_END）：代表文件末尾

"位移量"是指以"起始点"为基点移动的字节数。如果它的值是正值，表示向前移，即从文件开头向文件末尾移动；如是负数，表示向后移，即由文件末尾向文件开头移动。位移量应为 long 型数据，这样当文件长度很长时（如大于 64K）不致出错。例如：

fseek(fp,15L,0);　　　　将位置指针移动到离文件开头前移 15 个字节处

fseek(fp,-20L,1);　　　　将位置指针从当前位置向后移 20 个字节

fseek(fp,60L,2);　　　　将位置指针移动到离文件末尾后移 20 个字节处

fseek( )函数执行成功返回值为 0，否则返回一个非 0 值。fseek( )函数一般用于二进制文件。因为文本要发生字符转换，计算位置时往往会发生混乱。

10.2.4.2 文件的随机读写

利用 fseek( )函数，就可以实现文件的随机读写。

【例 10.10】编写程序显示[例 10.8]建立的 list.dat 文件中第 1,3 个学生的信息。

```
#define N  3
#include <stdio.h>
#include <stdlib.h>
main()
{
    FILE *fp;
    struct  student
    {
        int  no;
        char  name[20];
        char  sex;
        int   score[3];
    }stu[N];
    int i;
    if((fp=fopen("list.dat","rb"))==NULL)
    {
      printf("Can not open this file!");
      exit(0);
    }
    for(i=0;i<N;i+=2)
    {
        fseek(fp,i*sizeof(struct student),0);
        fread(&stu[i],sizeof(struct student),1,fp);
        printf("%d,%s,%c,%d,%d,%d\n",stu[i].no,stu[i].name,
        stu[i].sex,stu[i].score[0],stu[i].score[1],stu[i].score[2]);
```

```
        }
        fclose(fp);
    }
```
程序运行结果:
```
1,wang,M,67,89,65
3,zhang,M,65,88,89
```

10.2.5 文件的出错检测

文件读写函数在调用过程中出错时，该函数的返回值有一定的反映，但这一反映有时不太明确。例如，如果调用 fputc( )函数返回 EOF，它可能表示文件结束，也可能是调用失败。为了明确地检查是否出错，C 标准提供了检查专门检测文件读写错误的函数。

1. ferror( )函数

ferror( )函数的功能是检测文件读写函数是否调用出错。使用 ferror( )函数的一般形式如下：

```
ferror(fp);
```

其中 fp 是已定义过的文件指针。该函数如果返回值为 0，表示未出错；返回值为非 0，表示出错。

在执行 fopen( )函数时，ferror( )函数的初始值自动为 0。每调用一次读写函数后，都有一个 ferror( )函数值与之对应。如果想检查调用某个读写函数是否出错，应在调用该函数后立即用 ferror( )函数进行测试，否则该值会丢失（在调用另一个读写函数后，ferror( )函数反映的是最后一个函数调用出错状态）。

2. clearerr( )函数

clearerr( )函数的功能是使文件错误标志和文件结束标志置为 0。使用 clearerr( )函数的一般形式如下：

```
clearerr(fp);
```

其中 fp 是已定义过的文件指针。

调用读写函数出错时，ferror( )函数值为非 0 值，调用 clearerr(fp)后，ferror(fp)的值变成 0。另外，只要出现错误标志，就一直保留，直到对同一文件调用 clearerr( )函数或 rewind( )函数，或任何其他一个读写函数。

10.3 本 章 小 结

本章主要介绍了文件的概念、分类及常用的 C 文件处理函数。

（1）文件是存储在外部介质的数据集合。从组织形式上，C 文件可分为文本文件和二进制文件。对文件的处理主要是指对文件进行读写操作。文件的读写方式有顺序读写和随机读写。

（2）在 C 语言中，对文件操作的顺序一般分为三个步骤：打开文件、读写文件和关闭文件。打开文件的方式主要有四种：只读、只写、读写和追加。文件的读写操作可以以字节、数据块或字符串为基本单位，还可以按指定的格式进行读写。打开文件用于建立指针与文件的关系，而关闭文件则撤销指针和文件的关系。

10.4　习　　题

一、单项选择题

1. 下列关于 C 语言的文件操作的结论中，（　　）是正确的。

　　A．对文件操作顺序无要求

　　B．对文件操作必须是先打开文件

　　C．对文件操作必须是先关闭文件

　　D．对文件操作前必须先测试文件是否存在，然后再打开文件

2．C 语言系统的标准输入文件是指（　　）。

　　A．显示器　　　　　B．硬盘　　　　　　C．软盘　　　　　　D．键盘

3．C 语言可以处理的文件类型是（　　）。

　　A．数据代码文件　　　　　　　　B．文本文件和二进制文件

　　C．数据文件和二进制文件　　　　D．文本文件和数据文件

4．以下可作为函数 fopen( ) 中第一个参数的正确格式是（　　）。

　　A．"c:\\user\\text.txt"　　　　　　B．c:\user\text.txt

　　C．"c:\user\text.txt"　　　　　　　D．c:user\text.txt

5．若执行 fopen( ) 函数时发生错误，则函数的返回值是（　　）。

　　A．EOF　　　　　　B．0　　　　　　　C．1　　　　　　　D．地址值

6．若以"a+"方式打开一个已存在的文件，则以下叙述正确的是（　　）。

　　A．文件打开时，原有文件内容不被删除，位置指针移到文件末尾，可作添加和读操作

　　B．文件打开时，原有文件内容被删除，只可作写操作

　　C．文件打开时，原有文件内容不被删除，位置指针移到文件开头，可作重写和读操作

　　D．以上说法不正确

7．当顺利执行了文件关闭操作时，fclose( ) 函数的返回值是（　　）。

　　A．TURE　　　　　B．-1　　　　　　C．0　　　　　　　D．1

8．已知函数的调用形式：

　　fread(buffer,size,count,fp);

　　其中 buffer 代表的是（　　）。

　　A．一个文件指针，指向要读的文件

　　B．一个整形变量，代表要读入的数据项总数

　　C．一个指针，指向要读入数据的存放地址

　　D．一个存储区，存放要读的数据项

9．在 C 语言中，从计算机的内存中将数据写入文件中，称为（　　）。

　　A．输入　　　　　　B．输出　　　　　　C．修改　　　　　　D．删除

10．若调用 fputc( ) 函数输出字符成功，则其返回值是（　　）。

　　A．EOF　　　　　　B．1　　　　　　　C．0　　　　　　　D．输出的字符

11．C 语言函数 fgets(str,n,fp)的功能是（　　）。

A．从 str 读取最多 n 个字符到文件 fp

　　B．从文件 fp 中读取长度不超过 n-1 的字符串存入 str 指向的内存

　　C．从文件 fp 中读取 n 个字符串存入 str 指向的内存

　　D．从文件 fp 中读取长度为 n 的字符串存入 str 指向的内存

12．C 语言中文件的存取方式是（　　）。

　　A．只能顺序存取　　　　　　　　B．只能随机存取

　　C．可以顺序存取，也可以随机存取　D．只能从文件的开头进行读取

13．设有以下结构体类型：

```
struct st
{
    char name[8];
    int num;
    float s[4];
}student[50];
```

并且结构体数组 student 中的元素都已有值，若要将这些元素写到磁盘文件 fp 中，以下
不正确的形式是（　　）。

　　A．fwrite(student,50*sizeof(struct st),1,fp);

　　B．fwrite(student,sizeof(struct st),50,fps);

　　C．fwrite(student,25*sizeof(struct st),25,fp);

　　D．for(i=0；i<50；i++)

　　　　　　fwrite(student+i,sizeof(struct st),1,fp);

14．利用 fseek( )函数可实现的操作是（　　）。

　　A．改变文件的位置指针　　　　　B．文件的顺序读写

　　C．文件的随机读写　　　　　　　D．以上答案均正确

15．函数 rewind( )的作用是（　　）。

　　A．使位置指针指向文件的末尾

　　B．将位置指针指向文件中所要求的特定位置

　　C．使位置指针重新返回文件的开头

　　D．使位置指针自动移至下一个字符位置 0

二、填空题

1．在 C 语言中，文件按不同的原则可以划分成不同的类型。按文件的组织形式可以
分成_____和_____。

2．在 C 程序中，文件可以用_____方式存取，也可以用_____方式存取。

3．在 C 语言中，文件的存取是以_____为单位的，这种文件被称作_____文件。

4．函数调用语句：fgets(buf,n,fp);从 fp 指向的文件中读入_____个字符放到 buf 字符数
组中，函数值为_____。

5．feof(fp)函数用来判断文件是否结束，如果遇到文件结束，函数值为____；否则
为_____。

6．下列程序用于统计文件中的字符个数，请填空。

```
#include<stdio.h>
main()
```

```
{
    FILE *fp;
    long num=0;
    if((fp=fopen("test","r+"))=NULL)
    {
        printf("Can't open file.");
        return;
    }
    while (_____)
        num++;
    _____;
    printf("num=%ld\n",num);
    _____;
}
```

三、编程题

1．从键盘上输入 10 个整数，分别以文本文件和二进制文件存入磁盘中。

2．建立一个含有 5 个学生成绩的文件：stu1.dat，每个学生的数据包括：姓名、性别、学号、语文、数学、计算机。

3.给第 2 题中的学生数据增加上总分和平均分，求第 2 题中每个学生的总分和平均分，文件名为 stu2.dat。

4．对第 3 题中 stu2.dat 按总分进行排序，结果存入文件 stu3.dat 中。

附录 I 常用字符与 ASCII 码对照表

ASCII 码值	字符	ASCII 码值	字符	ASCII 码值	字符	ASCII 码值	字符
0	NUL(空)	32	(space)	64	@	96	`
1	SOH(文件头开始)	33	!	65	A	97	a
2	STX(文本开始)	34	"	66	B	98	b
3	ETX(文本结束)	35	#	67	C	99	c
4	EOT(传输结束)	36	$	68	D	100	d
5	ENQ(询问)	37	%	69	E	101	e
6	ACK(确认)	38	&	70	F	102	f
7	BEL(响铃)	39	'	71	G	103	g
8	BS(后退)	40	(	72	H	104	h
9	HT(水平跳格)	41	)	73	I	105	i
10	LF(换行)	42	*	74	J	106	j
11	VT(垂直跳格)	43	+	75	K	107	k
12	FF(格式馈给)	44	,	76	L	108	l
13	CR(回车)	45	-	77	M	109	m
14	SO(向外移出)	46	.	78	N	110	n
15	SI(向内移入)	47	/	79	O	111	o
16	DLE(数据传送换码)	48	0	80	P	112	p
17	DC1(设备控制1)	49	1	81	Q	113	q
18	DC2(设备控制2)	50	2	82	R	114	r
19	DC3(设备控制3)	51	3	83	S	115	s
20	DC4(设备控制4)	52	4	84	T	116	t
21	NAK(否定)	53	5	85	U	117	u
22	SYN(同步空闲)	54	6	86	V	118	v
23	ETB(传输块结束)	55	7	87	W	119	w
24	CAN(取消)	56	8	88	X	120	x
25	EM(媒体结束)	57	9	89	Y	121	y
26	SUB(减)	58	:	90	Z	122	z
27	ESC(退出)	59	;	91	[	123	{
28	FS(域分隔符)	60	<	92	\	124	|
29	GS(组分隔符)	61	=	93	]	125	}
30	RS(记录分隔符)	62	>	94	^	126	~
31	US(单元分隔符)	63	?	95	_	127	DEL

附录II C 语 言 关 键 字

1. 流程控制

函数：return

条件：if,else,switch,case,default

循环：while,do,for

转向控制：break,continue,goto

2. 类型和声明

整型：long,int,short,signed,unsigned

字符型:char

实型：double,float

未知或通用类型：void

类型限定词:const,volatile

存储类别：auto,static,extern,register

类型操作符：sizeof

创建新类型名：typedef

定义新类型描述：struct,enum,union

3. C++保留字

下面是C++的保留字而非C中的保留字。在使用VC++ 6.0环境编程时，应避免使用这些保留字或按照其在C++中的含义小心使用。

类：class,friend,this,private,protected,public,template

函数和操作符：inline,virtual,operator

布尔类型：bool,true,false

异常：try,throw,catch

内存分配：new,delete

其他：typeid,namespace,mutable,asm,using

附录Ⅲ 运算符的优先级和结合方向

优先级	运算符	名称	运算对象个数	结合方向
1	( ) [ ] -> .	圆括号、下标 指向结构体成员、结构体成员		自左向右
2	! ~ ++ -- - (类型) * & sizeof	逻辑非 按位取反 自增 自减 负号 强制类型转换 指针 地址 长度	单目（1个）	自右向左
3	* / %	乘法、除法、求余	双目（2个）	自左向右
4	+ -	加法、减法	双目（2个）	自左向右
5	<< >>	左移、右移	双目（2个）	自左向右
6	< <= > >=	小于、小于等于 大于、大于等于	双目（2个）	自左向右
7	== !=	等于、不等于	双目（2个）	自左向右
8	&	按位与	双目（2个）	自左向右
9	^	按位异或	双目（2个）	自左向右
10	|	按位或	双目（2个）	自左向右
11	&&	逻辑与	双目（2个）	自左向右
12	||	逻辑或	双目（2个）	自左向右
13	? :	条件	三目（3个）	自右向左
14	= += -= *= /= %= >>= <<= &= ^= |=	赋值	双目（2个）	自右向左
15	,	逗号（顺序求值）		自左向右

注 以上运算符优先级别由上到下递减。同一优先级的运算符优先级别相同，运算次序由结合方向决定。初等运算符优先级最高，逗号运算符优先级最低。加圆括号可以改变优先次序。

附录Ⅳ 常用 C 语言库函数

每一种 C 语言编译系统都提供了一批库函数，不同的编译系统所提供的库函数的数目和函数的名称以及函数的功能不完全相同。由于篇幅所限，本附录列出 ANSI C 标准建议提供的、常用的部分库函数，帮助编程者查阅。

1. 数学函数

使用数学函数时，应该在该源文件中使用下面预编译命令行：

#include <math.h> 或 #include "math.h"

函数名	函 数 原 型	功　　能	说　　明
abs	int abs(int x);	计算整数 x 的绝对值	
acos	double acos(double x);	计算 $\cos^{-1}(x)$ 的值	x 在-1 到 1 范围内
asin	double asin(double x);	计算 $\sin^{-1}(x)$ 的值	x 在-1 到 1 范围内
atan	double atan(double x);	计算 $\tan^{-1}(x)$ 的值	
atan2	double atan(double x,double y);	计算 $\tan^{-1}(x/y)$ 的值	
cos	double cos(double x);	计算 $\cos(x)$ 的值	x 的单位为弧度
cosh	double cosh(double x);	计算 x 的双曲余弦 $\cosh(x)$ 的值	
exp	double exp(double x);	计算 e^x 的值	
fabs	double fabs(double x);	计算 x 的绝对值	
floor	double floor(double x);	计算不大于 x 的最大整数	其值为双精度整数
fmod	double fmod(double x,double y);	计算整除 x/y 的余数	其值为双精度余数
frexp	double frexp(double val,int *eptr);	把双精度数 val 分解为数字部分(尾数)x 和以 2 为底的指数 n,即 val=x*2^n,n 存放在 eptr 指向的变量中。	尾数 x 在 0.5 和 1 之间
log	double log(double x);	求 $\log_e x$，即 ln x	
log10	double log10(double x);	求 $\log_{10} x$	
pow	double pow(double x,double y);	计算 x^y 的值	
rand	int rand(void);	产生-90 到 32767 间的随机整数	
sin	double sin(double x);	计算 $\sin(x)$ 的值	x 的单位为弧度
sinh	double sinh(double x);	计算 x 的双曲正弦函数 $\sinh(x)$ 的值	
sqrt	double sqrt(double x);	计算的 $\sqrt{x}$ 值	x 大于等于 0
tan	double tan(double x);	计算 $\tan(x)$ 的值	x 的单位为弧度
tanh	double tanh(double x);	计算 x 的双曲正切函数 $\tanh(x)$ 的值	

2. 字符函数和字符串函数

ANSI C 标准要求在使用字符串函数时要包含头文件"string.h"，在使用字符函数时要包含头文件"ctype.h"。有的 C 编译系统不遵循 ANSI C 标准的规定，而用其他名称的头文件。使用时请查阅有关手册。

函数名	函数原型	功 能	返回值
isalnum	int isalnum(int ch);	检查 ch 是否字母或数字	是返回 1，否则返回 0
isalpha	int isalpha(int ch);	检查 ch 是否字母	同上
iscntrl	int iscntrl(int ch);	检查 ch 是否控制字符	同上
isdigit	int isdigit(int ch);	检查 ch 是否数字	同上
isgraph	int isgraph(int ch);	检查 ch 是否可打印字符（不包括空格），其 ASCII 值在 0x21 到 0x7E 之间	同上
islower	int islower(int ch);	检查 ch 是否小写字母	同上
isprint	int isprint(int ch);	检查 ch 是否可打印字符（包括空格），其 ASCII 值在 0x20 到 0x7E 之间	同上
ispunct	int ispunct(int ch);	检查 ch 是否标点符号（不包括空格），即除字母、数字和空格以外的所有可打印字符	同上
isspace	int isspace(int ch);	检查 ch 是否空格、跳格符（制表符）或换行符	同上
isupper	int isupper(int ch);	检查 ch 是否大写字母	同上
isxdigit	int isxdigit(int ch);	检查 ch 是否 16 进制数字	同上
strcat	char *strcat(char *str1,char *str2);	把字符串 str2 接到 str1 后面，str1 最后的'\0'被取消	str1
strchr	char *strchr(char *str,int ch);	找出 str 指向的字符串中第一次出现字符 ch 的位置	指向该位置的指针，如找不到，返回空指针
strcmp	char strcmp(char *str1,char *str2);	比较两个字符串 str1 和 str2	str1>str2，返回正数 str1=str2，返回 0 str1<str2，返回负数
strcpy	char *strcpy(char *str1,char *str2);	把 str2 指向的字符串拷贝到 str1 中去	str1
strlen	unsigned int strlen(char *str);	统计字符串 str 中字符的个数（不包括结束符'\0'）	字符个数
strstr	char *strstr(char *str1,char *str2);	找出 str2 字符串在 str1 字符串中第一次出现的位置	指向该位置的指针，如找不到，返回空指针
tolower	int tolower(int ch);	将 ch 字母转换为小写字母	对应的小写字母
toupper	int toupper(int ch);	将 ch 字母转换为大写字母	对应的大写字母

3. 输入输出函数

使用以下的输出函数时，应该包含"stdio.h"头文件。

函数名	函数原型	功 能	返 回 值
clearerr	void clearerr(FILE *fp);	清除文件指针错误信息	无返回值
close	int close(int fp);	关闭文件	成功返回 0，不成功返回-1
creat	int creat(char *filename,int mode);	以 mode 所指定的方式建立文件	成功返回正数，否则返回-1
eof	int eof(int fd);	检查文件是否结束	遇文件结束，返回 1，否则返回 0
fclose	int fclose(FILE *fp);	关闭 fp 所指的文件，释放文件缓冲区	有错则返回非 0，否则返回 0
feof	int feof(FILE *fp);	检查文件是否结束	遇文件结束，返回非 0，否则返回 0
fgetc	int fgetc(FILE *fp);	从 fp 所指定的文件中取得下一个字符	返回所得到的字符，若读入出错，返回 EOF
fgets	char *fgets(char *buf,int n,FILE *fp);	从 fp 所指向的文件读取一个长度为(n-1)的字符串，存入起始地址为 buf 的空间	返回地址 buf，若遇文件结束或出错，返回 NULL
fopen	FILE *fopen (char*filename,char *mode);	以 mode 指定的方式打开名为 filename 的文件	成功返回一个文件指针（文件信息区的起始地址），否则返回 0
fprintf	int fprintf(FILE *fp,char *format,args,…);	把 args 的值以 format 指定的格式输出到 fp 所指定的文件中	实际输出的字符数
fputc	int fputc(char ch,FILE *fp);	将字符 ch 输出到 fp 指定的文件中	成功返回该字符，否则返回非 0
fputs	int fputs(char *str,FILE *fp);	将 str 指向的字符串输出到 fp 所指定的文件	返回 0，若出错返回非 0
fread	int fread(char *pt,unsigned size,unsigned n,FILE *fp);	从 fp 所指定的文件中读取长度为 size 的 n 个数据项，存到 pt 所指向的内存区	返回所读的数据项个数，若遇文件结束或出错，返回 0
fscanf	int fscanf(FILE *fp,char format,args,…);	从 fp 指定的文件中按 format 给定的格式将输入数据送到 args 所指向的内存单元（args 是指针）	已输入的数据个数
fseek	int fseek(FILE *fp,long offset,int base);	将 fp 所指向的文件的位置指针移到以 base 所指出的位置为基准、以 offset 为位移量的位置	返回当前位置，否则返回-1
ftell	long ftell(FILE *fp);	返回 fp 所指向的文件中的读写位置	返回 fp 所指向的文件中的读写位置
fwrite	int fwrite(char*ptr,unsigned size,unsigned n,FILE *fp);	把 ptr 所指向的 n*size 个字节输出到 fp 所指向的文件中	写到 fp 文件中的数据项的个数
getc	int getc(FILE *fp);	从 fp 所指向的文件中读入一个字符	返回所读的字符，若文件结束或出错，返回 EOF

续表

函数名	函数原型	功　能	返回值
getch	int getch(void);	从控制台取字符，不回显	返回所读字符，库函数为 conio.h
getchar	int getchar(void);	从标准输入设备读取下一个字符	返回所读字符，若文件结束或出错，返回-1
getche	int getche(void);	从控制台取字符，并回显	
getw	int getw(FILE *fp);	从 fp 所指向的文件读取下一个字（整数）	输入的整数，如文件结束或出错，返回-1
open	int open(char *filename,int mode);	以 mode 指定的方式打开名为 filename 的文件	返回文件号（正数），如打开失败，返回-1
printf	int printf(char *format,args,…);	按 format 指定的格式字符串所规定的格式，将输出表列 args 的值输出到标准输出设备	输出字符的个数，若出错，返回负数
putc	int putc(int ch,FILE *fp);	把一个字符 ch 输出到 fp 所指的文件中	输出的字符 ch，若出错，返回 EOF
putchar	int putchar(char ch);	把字符 ch 输出到标准输出设备	输出的字符 ch，若出错，返回 EOF
puts	int puts(char *str);	把 str 指向的字符串输出到标准输出设备，将'\0'转换为回车换行	返回换行符，若失败，返回 EOF
putw	int putw(int w,FILE *fp);	将一个整数 w（即一个字）写到 fp 指向的文件中	返回输出的整数，若出错，返回 EOF
read	int read(int fd,char *buf,unsigned count);	从文件号 fd 所指示的文件中读 count 个字节到由 buf 指示的缓冲区中	返回真正读入的字节个数，若遇文件结束返回 0，出错返回-1
rename	int rename(char *oldname,char *newname);	把由 oldname 所指的文件名，改为由 newname 所指的文件名	成功返回 0，出错返回-1
rewind	void rewind(FILE *fp);	将 fp 指示的文件中的位置指针置于文件开头位置，并清除文件结束标志和错误标志	无
scanf	int scanf(char *format,args,…);	从标准输入设备按 format 指向的格式字符串所规定的格式，输入数据给 args 所指向的单元	读入并赋给 args 的数据个数，遇文件结束返回 EOF，出错返回 0
write	int write(int fd,char *buf,unsigned count);	从 buf 指示的缓冲区输出 count 个字符到 fd 所标志的文件中	返回实际输出的字节数，如出错返回-1

4. 动态存储分配函数

ANSI 标准建议设 4 个有关的动态存储分配的函数，即 calloc( )，malloc( )，free( )，realloc( )。实际上，许多 C 编译系统实现时，往往增加了一些其他函数。ANSI 标准建议在"stdlib.h"头文件中包含有关的信息，但许多 C 编译要求用"malloc.h"。读者在使用时应查阅有关手册。

函数名	函数原型	功　能	返回值
calloc	void *strcat(unsigned n,unsigned size);	分配 n 个数据项的连续内存空间，每个数据项的大小为 size	分配内存单元的起始地址，如不成功，返回 0
free	void free(void *p);	释放 p 所指的内存区	无
malloc	void *malloc(unsigned size);	分配 size 字节的存储区	所分配的内存区地址，如内存不够，返回 0
realloc	void *realloc(void *p,unsigned size);	将 f 所指出的已分配内存的大小改为 size，size 可以比原来分配的空间大或小	返回指向该内存区的指针

5. 时间函数

当需要使用系统的时间和日期函数时，需要头文件"time.h"。其中定义了三个类型：类型 clock_t 和 time_t 用来表示系统的时间和日期，结构体类型 tm 把日期和时间分解成为它的成员。tm 结构体的定义如下：

```
struct tm
{
    int tm_sec;        //秒，0-59
    int tm_min;        //分，0-59
    int tm_hour;       //小时，0-23
    int tm_mday;       //每月天数，1-31
    int tm_mon;        //从 1 月开始的月数，0-11
    int tm_year;       //自 1900 的年数
    int tm_wday;       //自星期日起的天数，0-6
    int tm_yday;       //自 1 月 1 日起的天数，0-365
    int tm_isds;       //夏季时间标志
}
```

函数名	函数原型	功　能	返　回值
asctime	char *asctime(struct tm *p);	将日期和时间转换成 ASCII 字符串	返回一个指向字符串的指针
clock	clock_t clock( );	确定程序运行到现在所花费的大概时间	返回程序开始到该函数被调用时所花费的时间，若失败，返回-1
difftime	double difftime(time_t time2,time_t time1);	计算 time1 与 time2 之间所差的秒数	返回两个时间的双精度差值
ctime	char *ctime(long *time);	把日期和时间转换成字符串	返回指向该字符串的指针
gmtime	sturct tm *gmtime(time_t *time);	得到一个以 tm 结构体表示的分解时间，该时间按格林威治标准计算	返回指向结构体 tm 的指针
time	time_t time(time_t time);	返回系统当前的日历时间	返回系统当前的日历时间，如系统无时间，返回-1

附录 V 学生信息管理系统源程序代码

```
#include <stdio.h>
#include <string.h>
#include <stdlib.h>
#include <dos.h>
#include <conio.h>
#include <time.h>
#define N 50                        //学生记录最大数量
#define MaxPwdLen 20                //密码最大长度
struct student                      //学生记录结构体定义
{
    int  no;
    char name[20];
    char sex;
    int  score[3];
    int  sum;
    float average;
};

//函数声明
void SaveStu (struct student stu[],int count,int flag);     //保存数据，写入文件
void LoadStu(struct student stu[],int *stu_number);         //读取文件数据
void PassWord();                                            //密码验证
void Menu();                                                //显示主菜单
void InputStu(struct student stu[],int *stu_number);        //输入学生记录
void BrowseStu(struct student stu[],int *stu_number);       //浏览学生记录
void SortStu(struct student stu[],int *stu_number);         //排序学生记录
void SearchStu(struct student stu[],int *stu_number);       //查找学生记录
void DeleteStu(struct student stu[],int *stu_number);       //删除学生记录
void ModifyStu(struct student stu[],int *stu_number);       //修改学生记录
void CountScore(struct student stu[],int *stu_number);      //统计学生记录

//===========================================================
// function name: SaveStu
// description: 保存数据，写入文件
// input parameters: struct student stu[],int count,int flag
// return value: none
// author: MaGuoFeng
// date :20091118
//===========================================================
void SaveStu(struct student stu[],int count,int flag)
{
    FILE *fp;
    int i;
    if((fp=flag?fopen("list.dat","ab"):fopen("list.dat","wb"))==NULL)
```

```
    {
        printf("不能打开文件\n");
        return;
    }
    for(i=0;i<count;i++)
        if(fwrite(&stu[i],sizeof(struct student),1,fp)!=1)
            printf("文件写错误\n");
    fclose(fp);
}


//============================================================
// function name: LoadStu
// description: 读取文件数据到stu中
// input parameters: struct student stu[],int *stu_number
// return value: none
// author: MaGuoFeng
// date :20091118
//============================================================
void LoadStu(struct student stu[],int *stu_number)
{
    FILE *fp;
    int i=0;
    if((fp=fopen("list.dat","rb"))==NULL)
    {
        printf("不能打开文件\n");
        return ;
    }
    while(fread(&stu[i],sizeof(struct student),1,fp)==1 && i<N)
        i++;
    *stu_number=i;                          //重置学生记录个数
    if (feof(fp))
        fclose(fp);
    else
    {
        printf("文件读错误");
        fclose(fp);
    }
    return ;
}


//============================================================
// function name: PassWord
// description: 用户进入系统的口令验证
// input parameter: none
// return value: none
// author: MaGuoFeng
// date :20091118
//============================================================
void PassWord()
{
    char passwd[MaxPwdLen+1]="",initpwd[MaxPwdLen+1]="123456";
    int i,j;
```

```
    char c;
    time_t start,end;
    system("cls");
    for(i=3;i>=1;i--)
    {   j=0;
        printf("\n\t\t 请输入密码(您还有%d次机会):",i);
        while((c=getch())!='\r')
        {
            if(j<MaxPwdLen)
            {
                passwd[j++]=c;
                putchar('*');
            }
            else if(j>0&&c=='\b')
            {
                j--;
                putchar('\b');
                putchar(' ');
                putchar('\b');
            }
        }
        putchar('\n');
        passwd[j]='\0';                             //添加字符串结束标志
        if(strcmp(passwd,initpwd)==0)
        {
            system("cls");
            printf("\n\n\n\n");
            printf("\t\t*************************************\n");
            printf("\t\t*                                   *\n");
            printf("\t\t*        欢迎使用学生信息管理系统      *\n");
            printf("\t\t*                                   *\n");
            printf("\t\t*************************************\n");
            start=time(NULL);                       //延时2秒继续执行
            end=time(NULL);
            while(end-start<2)
                end=time(NULL);
            break;
        }
        else if(i>1)
        {
            printf("\n\t\t密码错误!请重新输入!\n");
            continue;
        }
    }
    if(i==0)
    {
        printf("\n\n\t\t对不起!您无权使用学生信息管理系统!\n");
        exit(0);
    }
    return;
}
```

```
//=============================================================
// function name: Menu
// description: 显示系统主菜单
// input parameter: none
// return value: none
// author: MaGuoFeng
// date :20091118
//=============================================================
void Menu()
{
    printf("\n\n");
    printf("          |*******************************|\n");
    printf("          |          学生信息管理系统          |\n");
    printf("          |*******************************|\n");
    printf("          |          1---增加学生记录          |\n");
    printf("          |          2---浏览学生记录          |\n");
    printf("          |          3---查询学生记录          |\n");
    printf("          |          4---排序学生记录          |\n");
    printf("          |          5---删除学生记录          |\n");
    printf("          |          6---修改学生记录          |\n");
    printf("          |          7---统计学生成绩          |\n");
    printf("          |          0---退出系统              |\n");
    printf("          |*******************************|\n");
}


//=============================================================
// function name: InputStu
// description: 接收键盘输入的学生信息，写入文件保存
// input parameters: struct student stu[],int *stu_number
// return value: none
// author: MaGuoFeng
// date :20091118
//=============================================================
void InputStu(struct student stu[],int *stu_number)
{
    char ch='y';
    int count=0;
    while((ch=='y')||(ch=='Y'))
    {
        system("cls");
        printf("\n\t\t****************** 增加学生记录******************\n");
        printf("\n\n\t\t 请输入学生信息\n");
        printf("\n\t\t    学号:");        scanf("%d",&stu[count].no);
        printf("\n\t\t    姓名:");        scanf("%s",&stu[count].name);
        printf("\n\t\t    性别:");        scanf("\n%c",&stu[count].sex);
        printf("\n\t\t 语文成绩:");       scanf("%3d",&stu[count].score[0]);
        printf("\n\t\t 数学成绩:");       scanf("%3d",&stu[count].score[1]);
        printf("\n\t\t 英语成绩:");       scanf("%3d",&stu[count].score[2]);
        stu[count].sum=stu[count].score[0]+stu[count]. score[1]
                    +stu[count].score[2];
        stu[count].average=(float)stu[count].sum/3.0;
```

```
        printf("\n\n\t\t 是否输入下一个学生信息？(y/n)");
        scanf("\n%c",&ch);
        count++;
    }
    *stu_number=*stu_number+count;
    SaveStu(stu,count,1);                        //参数1表示以追加方式写入文件
    return;
}


//============================================================
// function name: BrowseStu
// description: 浏览学生记录信息
// input parameters: struct student stu[],int *stu_number
// return value: none
// author: MaGuoFeng
// date :20091118
//============================================================
void BrowseStu(struct student stu[],int *stu_number)
{
    int i,j,choose;
    struct student temp_stu[N],st;
    LoadStu(stu,stu_number);
    while (1)
    {
        system("cls");
        printf("\n");
        printf("\t |**************************************************** |\n");
        printf("\t |                  浏览学生记录子菜单                 |\n");
        printf("\t |**************************************************** |\n");
        printf("\t |                1---按学号顺序浏览                   |\n");
        printf("\t |                2---按名次顺序浏览                   |\n");
        printf("\t |                0---返回主菜单                       |\n");
        printf("\t |**************************************************** |\n");
        printf("\t    请选择浏览类型:");
        scanf("%d",&choose);
        switch (choose)
        {
            case 1:
                printf("\n\t  按学号升序浏览如下：\n");
                printf("\n\t  学号\t姓名\t性别\t语文\t数学\t英语\t总分\t平均分\n");
                for(i=0;i<*stu_number;i++)
                {
                    printf("\t %d\t%s\t%c\t%d\t%d\t%d\t%d\t%.2f\n",stu[i].no,
                    stu[i].name,stu[i].sex,stu[i].score[0],stu[i].score[1],
                    stu[i].score[2],stu[i].sum,stu[i].average);
                }
                printf("\n\t\t 浏览完毕,按任意键返回子菜单!");
                getch();
                break;
            case 2:
                for(i=0;i<*stu_number;i++)
```

```
                    temp_stu[i]=stu[i];
                for(i=1;i<*stu_number;i++)
                    for(j=1;j<=*stu_number-i;j++)
                        if(temp_stu[j-1].sum>temp_stu[j].sum)
                        {
                            st=temp_stu[j-1];
                            temp_stu[j-1]=temp_stu[j];
                            temp_stu[j]=st;
                        }
                printf("\n\t 按名次升序浏览如下:");
                printf("\n\t名次\t学号\t姓名\t性别\t语文\t数学\t英语\t总分\t平均分\n");
                for(i=0;i<*stu_number;i++)
                {
                    printf("\t%d\t%d\t%s\t%c\t%d\t%d\t%d\t%d\t%.2f\n",i+1,
                    temp_stu[i].no,temp_stu[i].name,temp_stu[i].sex,
                    temp_stu[i].score[0],temp_stu[i].score[1],
                    temp_stu[i].score[2],temp_stu[i].sum, temp_stu[i].average);
                }
                printf("\n\t\t 浏览完毕,按任意键返回子菜单!");
                getch();
                break;
            case 0: return;
        }
    }
    return;
}


//============================================================
// function name: SortStu
// description: 按学号升序排序学生记录,写入文件
// input parameters: struct student stu[],int *stu_number
// return value: none
// author: MaGuoFeng
// date :20091118
//============================================================
void SortStu(struct student stu[],int *stu_number)
{
    int i,j;
    struct student st;
    LoadStu(stu,stu_number);
    for(i=1;i<*stu_number;i++)
        for(j=1;j<=*stu_number-i;j++)
            if(stu[j-1].no>stu[j].no)
            {
                st=stu[j-1];
                stu[j-1]=stu[j];
                stu[j]=st;
            }
    system("cls");
    printf("\n\t\t******************** 排序学生记录********************\n");
    printf("\n\n\t\t 排序后的学生记录如下(按学号升序排列):\n");
```

```
    printf("\n\t学号\t姓名\t性别\t语文\t数学\t英语\t总分\t平均分\n");
    for(i=0;i<*stu_number;i++)
    {
        printf("\n\t%d\t%s\t\%c\t%d\t%d\t%d\t%d\t%.2f\n", stu[i].no,
        stu[i].name,stu[i].sex,stu[i].score[0],stu[i].score[1],
        stu[i].score[2],stu[i].sum,stu[i].average);
    }
    printf("\n\t\t 排序完毕，按任意键返回主菜单!");
    getch();
    SaveStu(stu,*stu_number,0);
    return;
}


//==========================================================
// function name: SearchStu
// description: 查询指定学生的记录信息
// input parameters: struct student stu[],int *stu_number
// return value: none
// author: MaGuoFeng
// date :20091118
//==========================================================
void SearchStu(struct student stu[],int *stu_number)
{
    int xh,i,num,choose,find;
    char ch,xm[20];

    LoadStu(stu,stu_number);
    while (1)
    {
        system("cls");
        printf("\n");
        printf("\t |*****************************************************|\n");
        printf("\t |                  查询学生记录子菜单                 |\n");
        printf("\t |*****************************************************|\n");
        printf("\t |                    1---按学号查询                   |\n");
        printf("\t |                    2---按姓名查询                   |\n");
        printf("\t |                    0---返回主菜单                   |\n");
        printf("\t |*****************************************************|\n");
        printf("\t   请选择查询类型:");
        scanf("%d",&choose);
        switch(choose)
        {
            case 1:
                printf("\n\t 请输入要查询学生的学号:"); scanf("%d",&xh);
                for(i=0;i<*stu_number;i++)
                    if(stu[i].no==xh)
                    {
                        printf("\n\t 要查询学生的信息如下:\n");
                        printf("\n\t学号\t姓名\t性别\t语文\t数学\t英语\t总分\ t平均分\n");
                        printf("\n\t%d\t%s\t%c\t%d\t%d\t%d\t%d\t%.2f\n",
```

```
                        stu[i].no,stu[i].name, stu[i].sex,stu[i].score[0],
                        stu[i].score[1],stu[i].score[2],stu[i].sum,
                        stu[i].average);
                        printf("\n\t 显示完毕,按任意键返回子菜单!\n");
                        getch();
                        break;
                    }
                if(i==*stu_number)
                {
                    printf("\n\t 要查询的学生不存在!按任意键返回子菜单!");
                    getch();
                }
            break;
        case 2:
            printf("\n\t 请输入要查询学生的姓名:"); scanf("%s",xm);
            find=0;
            num=0;                           //重名学生的个数
            for(i=0;i<*stu_number;i++)
            {
                if(strcmp(stu[i].name,xm)==0)
                {
                    find=1;
                    num++;
                    if(num==1)
                    {
                        printf("\n\t 要查询学生的信息如下:\n");
                        printf("\n\t学号\t姓名\t性别\t语文\t数学\t英语\t总分\ t平均分\n");
                    }
                    printf("\n\t%d\t%s\t%c\t%d\t%d\t%d\t%d\t%.2f\n",
                    stu[i].no,stu[i].name, stu[i].sex,stu[i].score[0],
                    stu[i].score[1],stu[i].score[2],stu[i].sum,
                    stu[i].average);
                }
            }
            if(find)
            {
                printf("\n\t 显示完毕,按任意键返回子菜单!");
                getch();
            }
            else
            {
                printf("\n\t 要查询的学生不存在!按任意键返回子菜单!");
                getch();
            }
            break;
        case 0:        return ;
    }
    }
    return;
}
```

```c
//=========================================================
// function name: DeleteStu
// description: 删除指定学生的记录信息，更新记录文件
// input parameters: struct student stu[],int *stu_number
// return value: none
// author: MaGuoFeng
// date :20091118
//=========================================================
void DeleteStu(struct student stu[],int *stu_number)
{
    int no,i,j;
    char ch='y';
    while((ch=='y')||(ch=='Y'))
    {
        system("cls");
        printf("\n\t\t**************** 删除学生记录****************\n\n");
        printf("\t\t 请输入要删除学生的学号:\n\n");
        printf("\t\t 学号:");
        scanf("%d",&no);
        for(i=0;i<*stu_number;i++)
        {
            if(no==stu[i].no)
            {
                printf("\n\t 要删除学生的信息如下:\n");
                printf("\n\t学号\t姓名\t性别\t语文\t数学\t英语\t总分\t平均分\n");
                printf("\n\t%d\t%s\t%c\t%d\t%d\t%d\t%d\t%.2f\n",
                stu[i].no,stu[i].name,stu[i].sex,stu[i].score[0],
                stu[i].score[1],stu[i].score[2],stu[i].sum,stu[i].average);
                break;
            }
        }
        if(i==*stu_number)
            printf("\n\t\t 要删除的学生不存在!\n");
        else
        {
            printf("\n\t 确定删除吗(y/n)?:");
            scanf("\n%c",&ch);
            if (ch=='y' || ch=='Y')
            {
                for(j=i+1;j<*stu_number;j++)
                    stu[j-1]=stu[j];
                printf("\n\t 该学生已被删除! ");
                (*stu_number)--;
            }
        }
        printf("\n\n\t\t 是否继续删除其他学生(y/n)?");
        scanf("\n%c",&ch);
    }
    SaveStu(stu,*stu_number,0);
    return;
}
```

```c
//===========================================================
// function name: ModifyStu
// description: 修改指定学生的记录信息，更新记录文件
// input parameters: struct student stu[],int *stu_number
// return value: none
// author: MaGuoFeng
// date :20091118
//===========================================================
void ModifyStu(struct student stu[],int *stu_number)
{
    int xh,i,choose;
    char ch='y';
    LoadStu(stu,stu_number);
    while (ch=='y'||ch=='Y')
    {
        system("cls");
        printf("\n\t ******************** 修改学生记录********************\n");
        printf("\n\t 请输入要修改学生的学号:");
        scanf("%d",&xh);
        for(i=0;i<*stu_number;i++)
            if(stu[i].no==xh)
            {
                printf("\n\t 要修改学生的信息如下:\n");
                printf("\n\t学号\t姓名\t性别\t语文\t数学\t英语\t总分\t平均分\n");
                printf("\n\t%d\t%s\t%c\t%d\t%d\t%d\t%d\t%.2f\n",
                stu[i].no,stu[i].name,stu[i].sex,stu[i].score[0],
                stu[i].score[1],stu[i].score[2],stu[i].sum,stu[i].average);
                break;
            }
        if(i==*stu_number)
            printf("\n\t 要修改的学生不存在!\n");
        else
        {
            printf("\n\t 确定修改吗(y/n)?:");
            scanf("\n%c",&ch);
            while (ch=='y' || ch=='Y')
            {
                printf("\n\t 请选择修改内容: \n");
                printf("\n\t 1.基本信息修改     2.学生成绩修改:");
                scanf("%d",&choose);
                switch(choose)
                {
                    case 1:
                        printf("\n\n\t\t ****请重新输入该学生的基本信息****\n");
                        printf("\n\t\t    学号:");  scanf("%d",&stu[i].no);
                        printf("\n\t\t    姓名:");  scanf("%s",stu[i].name);
                        printf("\n\t\t    性别:");  scanf("\n%c",&stu[i].sex);
                        break;
                    case 2:
```

```
                        printf("\n\n\t\t ******请重新输入该学生的成绩******\n");
                        printf("\n\t\t 语文成绩:");
                        scanf("%d",&stu[i].score[0]);
                        printf("\n\t\t 数学成绩:");
                        scanf("%d",&stu[i].score[1]);
                        printf("\n\t\t 英语成绩:");
                        scanf("%d",&stu[i].score[2]);
                        stu[i].sum=stu[i].score[0]+stu[i].
                        score[1]+stu[i].score[2];
                        stu[i].average=(float)stu[i].sum/3.0;
                    }
                printf("\n\t\t 修改成功！是否修改该学生的其他信息(y/n)?：");
                scanf("\n%c",&ch);
            }
        }
        printf("\n\t\t 是否继续修改其他学生的信息(y/n)?");
        scanf("\n%c",&ch);
    }
    SaveStu(stu,*stu_number,0);                //参数0表示以覆盖方式写入文件
    return;
}


//============================================================
// function name: CountScore
// description: 统计学生成绩
// input parameters: struct student stu[],int *stu_number
// return value: none
// author: MaGuoFeng
// date :20091118
//============================================================
void CountScore(struct student stu[],int *stu_number)
{
    int i,j,choose,sum[3],grade[3][5],min_score[3],max_score[3];
    float avg[3];
    LoadStu(stu,stu_number);
    while(1)
    {
        system("cls");
        printf("\n");
        printf("\t |***********************************************|\n");
        printf("\t |                统计学生成绩子菜单             |\n");
        printf("\t |***********************************************|\n");
        printf("\t |           1---统计每门课程的总分和平均分      |\n");
        printf("\t |           2---统计每门课程的最低分和最高分    |\n");
        printf("\t |           3---统计每门课程各分数段人数        |\n");
        printf("\t |           0---返回主菜单                      |\n");
        printf("\t |***********************************************|\n");
        printf("\t    请选择统计类型:");
        scanf("%d",&choose);
        if(choose==1)//此处采用if-elseif 的分支结构,请读者对比相应的switch多分支结构
        {
```

```
        for(j=0;j<3;j++)
        {
            sum[j]=0;
            avg[j]=0.0;
        }
        for(j=0;j<3;j++)
            for(i=0;i<*stu_number;i++)
                sum[j]=sum[j]+stu[i].score[j];
        for(j=0;j<3;j++)
            avg[j]=(float)sum[j]/3.0;
        printf("\n\n");
        printf("\t 语文课程的总分为:%d, 平均分为:%.2f\n",sum[0],avg[0]);
        printf("\t 数学课程的总分为:%d, 平均分为:%.2f\n",sum[1],avg[1]);
        printf("\t 英语课程的总分为:%d, 平均分为:%.2f\n",sum[2],avg[2]);
        printf("\n\n\t 每门课程的总分和平均分统计完毕,按任意键返回子菜单!\n");
        getch();
}
else if(choose==2)
{
        for(j=0;j<3;j++)              //min_score[3]和max_score[3]数组初始化
        {
            min_score[j]=0;
            max_score[j]=0;
        }
        for(j=0;j<3;j++)
        {
            if(*stu_number>0)
                min_score[j]=max_score[j]=stu[0].score[j];
                                                    //最高分最低分置初值
            else
                min_score[j]=max_score[j]=0;        //最高分最低分置初值
        for(i=1;i<*stu_number;i++)
            {
                if(stu[i].score[j]<min_score[j])
                    min_score[j]=stu[i].score[j];
                if(stu[i].score[j]>max_score[j])
                    max_score[j]=stu[i].score[j];
            }
        }
        printf("\n\n");
        printf("\t 语文课程的最低分:%d,    最高分:%d\n",
        min_score[0],max_score[0]);
        printf("\t 数学课程的最低分:%d,    最高分:%d\n",
        min_score[1],max_score[1]);
        printf("\t 英语课程的最低分:%d,    最高分:%d\n",
        min_score[2],max_score[2]);
        printf("\n\t 每门课程的最低分和最高分统计完毕,按任意键返回子菜单!\n");
        getch();
}
else if(choose==3)
{
```

```
        for(i=0;i<3;i++)                        //grade[3][5]数组初始化
            for(j=0;j<5;j++)
                grade[i][j]=0;
        for(j=0;j<3;j++)
            for(i=0;i<*stu_number;i++)
            {
                switch(stu[i].score[j]/10)
                {
                    case 10:
                    case 9:  grade[j][0]++;break;
                    case 8:  grade[j][1]++;break;
                    case 7:  grade[j][2]++;break;
                    case 6:  grade[j][3]++;break;
                    default: grade[j][4]++;break;
                }
            }
        printf("\n\n");
        printf("\t 语文课程各分数段的人数如下：\n");
        printf("\t 90-100:%d | 80-90:%d | 70-80:%d | 60-70:%d | 60分以下:%d \n\n",
        grade[0][0],grade[0][1],grade[0][2],grade[0][3],grade[0][4]);
        printf("\t 数学课程各分数段的人数如下：\n");
        printf("\t 90-100:%d | 80-90:%d | 70-80:%d | 60-70:%d | 60分以下:%d \n\n",
        grade[1][0],grade[1][1],grade[1][2],grade[1][3],grade[1][4]);
        printf("\t 英语课程各分数段的人数如下：\n");
        printf("\t 90-100:%d | 80-90:%d | 70-80:%d | 60-70:%d | 60分以下:%d \n\n",
        grade[2][0],grade[2][1],grade[2][2],grade[2][3],grade[2][4]);
        printf("\n\t 每门课程各分数段的人数统计完毕，按任意键返回子菜单!\n");
        getch();
        }
        else if(choose==0)
            break;                //结束循环
    }
    return;
}


//==========================================================
// function name: main
// description: 系统主函数
// author: MaGuoFeng
// date :20091118
//==========================================================
main()
{
    struct student stu[N];                      //定义学生记录结构体数组
    int stu_number=0;                           //定义学生人数
    int choose,flag=1;
    PassWord();                                 //系统密码验证
    while(flag)
```

```
    {
        system("cls");                              //清屏
        Menu();                                     //显示系统主菜单
        printf("\t\t 请选择主菜单序号(0-7):");
        scanf("%d",&choose);
        switch(choose)
        {
            case 1:InputStu(stu,&stu_number); break;    //输入学生记录
            case 2:BrowseStu(stu,&stu_number);break;    //浏览学生记录
            case 3:SearchStu(stu,&stu_number);break;    //查找学生记录
            case 4:SortStu(stu,&stu_number);break;      //排序学生记录
            case 5:DeleteStu(stu,&stu_number);break;    //删除学生记录
            case 6:ModifyStu(stu,&stu_number);break;    //修改学生记录
            case 7:CountScore(stu,&stu_number);break;   //统计学生记录
            case 0:flag=0;                              //结束系统运行
        }
    }
}
```

参 考 文 献

[1] 赵克林. C 语言实例教程[M]. 北京：人民邮电出版社，2007.

[2] 邵士媛. C 语言程序设计[M]. 2 版. 北京：化学工业出版社，2006.

[3] 崔武子，李青，李红豫. C 程序设计辅导与实训[M]. 2 版. 北京：清华大学出版社，2009.

[4] 张宗杰. C 语言程序设计实用教程[M]. 北京：电子工业出版社，2008.

[5] 伍一，陈廷勇. C 语言程序设计基础与实训教程[M]. 北京：清华大学出版社，2006.

[6] 刘维富，等. C 语言程序设计一体化案例教程[M]. 北京：清华大学出版社，2009.

[7] 邱力，万国平. C 语言程序设计[M]. 北京：清华大学出版社，2004.

[8] 刘兆宏，温荷，毛丽娟，等. C 语言程序设计案例教程[M]. 北京：清华大学出版社，2008.

[9] 陈兴无. C 语言程序设计项目化教程[M]. 武汉：华中科技大学出版社，2009.

[10] 文东，孙鹏飞，潘钧. C 语言程序设计基础与项目实训[M]. 北京：中国人民大学出版社，2009.